ETHICS AND GOVERNANCE OF

A PERSPECTIVE TOWARDS THE FUTURE

人工智能
伦理与治理

未来视角

未来论坛 编

人民邮电出版社
北京

图书在版编目（CIP）数据

人工智能伦理与治理：未来视角 / 未来论坛编. --
北京：人民邮电出版社，2023.1
ISBN 978-7-115-60161-2

Ⅰ. ①人… Ⅱ. ①未… Ⅲ. ①人工智能－技术伦理学
－研究②人工智能－安全管理－研究 Ⅳ. ①TP18
②B82-057

中国版本图书馆CIP数据核字(2022)第191104号

内 容 提 要

当前，有很多关于人工智能（AI），并和人类生产、生活关系紧密的议题被广泛讨论，
包括"如何避免大数据时代个人隐私形同虚设""代码是否具有道德"等。这些现实议题背
后，是两个根本问题：何为"AI 伦理"？何为"AI 治理"？本书汇聚众多专家的观点，对
这两个根本问题进行了深入探讨，涉及人工智能、计算机、法律、社会学等多个领域，覆盖
社会和个人、生产和生活的诸多方面。

本书是根据未来论坛"AI 伦理与治理"系列研讨会的成果总结、整理而来，分为 AI 向
善的理论与实践、AI 的公平性、AI 与风险治理、AI 决策的可靠性和可解释性、用户数据隐
私、包容性的 AI 这 6 个专题方向。每个专题方向均汇集了各领域中一线专家经充分思辨讨
论后形成的观点。

本书适合人工智能领域学者、工程师、管理者、创业人员和相关专业学生，法律、社会学
等领域的专业人士，以及政府相关部门人员阅读。

◆ 编　　　　未来论坛
　　责任编辑　贺瑞君
　　责任印制　李　东　焦志炜
◆ 人民邮电出版社出版发行　　北京市丰台区成寿寺路 11 号
　　邮编　100164　　电子邮件　315@ptpress.com.cn
　　网址　https://www.ptpress.com.cn
　　涿州市般润文化传播有限公司印刷
◆ 开本：700×1000　1/16
　　印张：12　　　　　　　　　　　　　　2023 年 1 月第 1 版
　　字数：154 千字　　　　　　　　　2025 年 4 月河北第 9 次印刷

定价：99.00 元

读者服务热线：(010)81055410　印装质量热线：(010)81055316
反盗版热线：(010)81055315

序 1

我们需要什么样的人工智能

人工智能（Artificial Intelligence，AI）理论与技术实践的发展大潮，是人类历史上认识世界和改造世界手段的"范式"性革命，吸引无数科技精英为其"折腰"，催生了一批各领风骚的科技企业巨头，也为科技投资人带来了极诱人的潜在红利和无穷无尽的现实烦恼。人工智能的理论与技术，能否继续得到社会的信任？人工智能企业的社会责任和伦理意识，能否跟上百花齐放的科学研究与应用实践？这是迫切需要 AI 领域人士认真考虑的问题。未来论坛作为科学公益组织和具有公信力的平台，发挥连接学术界、企业界、投资界与公众的作用，策划了科技与人文相结合的系列研讨会——"AI 伦理与治理"。

我们广邀各方有识之士，在 6 个不同主题的引导下，通过分享、思辨和归纳，形成 AI 伦理方面的共识，提供 AI 研究与应用治理模式的前瞻性建议，促进学术界、企业界、投资界以及社会大众为解决相关问题、适应新范式、利用新范式而不断探索与尝试，逐渐形成进一步共识，实现共赢。

2021 年 4 月至 10 月，未来论坛围绕"AI 伦理与治理"这个课题一共举办了 6 期线上研讨会，邀请了 31 位学术界、企业界、政策研究界代表，当中包括了人工智能专家和法律学者、科技企业家、投资界领袖、技术研发带头人以及政策制定者，等等。每期研讨会都从不同的角度切入：第一期"AI 向善的理论与实践"，聚集"科技向善"，探讨何为"善"，如何"向"；第二期"AI 的公平性"，从对技术的讨论出发，以社会、哲学、经济以及法学的角度探讨 AI 的公平性，为"内部算法"的改进与"外部公平"的促进提出建设性意见；第三期"AI 与风险治理"，探讨在 AI 帮助社会提升效率的同时，如何对其潜在的风险进行识别、预防、管理，以及风险发生后如何进行定责及处理，从而形成良好的 AI 风险治理模式；第四期"AI 决策的可靠性和可解释性"，从理论研究、AI 治理、哲学思辨、企业应用等角度，对 AI 的可解释性进行深入探讨，以期对 AI 决策的可靠性与可解释性的分析带来有益思考；第五期"用户数据隐私"，从立法、行政和司法，以及国家、企业和个人的角度，综合探讨如何处理数据，保护个人隐私，促进人工智能时代信息传播的健康发展、安全利用，从而使用户与平台共同迈向合作共享之路；第六期"包容性的 AI"，探讨如何减少人工智能社会场景下对残障人士可能的认知歧视与误解，寻求利用人工智能为老年群体及残障人群带来更多关爱与包容的技术解决方案。6 期研讨会的嘉宾们从多个维度深入探讨了人工智能发展带来的社会伦理问题，分享了理论、技术和应用层面的解决方案，并对人工智能行业的未来提出了建设性的设想。

从这个精心整理的选集中，读者可以看到，虽然每位嘉宾的学术背景、研究角度、社会诉求各有不同，但大家都在努力尝试回答一个大问题，那就是我们需要什么样的人工智能？归纳起来，大家的共识包括了增进人类福祉、尊重生命权利、公平正义、公开透明、多方参与、协同共治和技术向善，等等。希望书中这些观点和思想火花，可以为广大读者朋友带来一些启发、一点鼓励，描绘一幅美好未来的画卷。

在此，我要特别感谢未来论坛青年理事、中国人民大学法学院郭锐副教授，他为 6 期研讨会的组织花费了很多时间和精力；也要感谢所有发表专题演讲和参与讨论的嘉宾，他们贡献的观点、知识和视角，令所有参会者受益匪浅；还要感谢这次课题策划委员会的各位委员，郭锐副教授之外，还有崔鹏副教授、漆远先生及夏华夏先生，他们在确定专题、邀请嘉宾等方面，发挥了重要的作用。最后，还要感谢未来论坛秘书处的各位同事，他们在武红秘书长的带领下，精心策划、周密组织，并且及时整理、总结了每一期的精华内容。

不论你是否能意识到，人工智能都正在以前所未有的冲击力，影响着人类社会的进程。我们必须认识它、拥抱它、影响它、适应它，更重要的是引领它！

方方

未来论坛理事、水木投资集团合伙人

2022 年 4 月 23 日于居家隔离中

序 2

人工智能技术发展要遵循什么样的社会规则

欣闻未来论坛将把"AI 伦理与治理"系列研讨会的内容校订精编、结集成书。我想，对于国内无数从事人工智能基础研究与技术产品化探索的同人来说，这当然是很好的事。

过去十年来，随着人工智能再度成为创新风口和许多科研工作者所看好的热点领域，探讨人工智能相关话题的图书也出版了不少，其中固然不乏既具创见洞察、又有工具价值的精品大作，但这些图书或溯源历史，或推演未来，或专注于剖析技术本身，真正回归创新初心、聚焦人工智能技术各种潜在正面、负面影响的专著倒似乎不多见——然而这方面的观点与争鸣却又相当重要。毕竟，为人工智能这样可能对今后的社会组织形态乃至每个人的工作、生活产生重大影响的引擎级技术套上鞍辔，使之能够尽量在正确的轨道上牵引着周边产业向前驱驰，让人工智能链接的多元产业的数字化转型与连锁变革可控制、可分析、可预测，这是科研工作者不可推卸的责任，也是从各行业人士到社会公众都应慎思明辨的课题。所以，我相信本书能够影响并启发更广阔领域的读者对"AI 伦理与治理"课题的关注与思考。

每项技术的诞生与应用，都有其正面和负面影响。类比来看，汽车的发明极大地提升了人们的出行效率和舒适度，这是技术的正面影响；同时，因驾驶员失误、车辆故障及其他因素引发的事故从汽车诞生之初至今始终未能杜绝，这是技术的负面影响。大数据和云计算等技术改变了人们获取、处理、分发信息的习惯，孵化出了新的行业和职业，却也让人们对个人隐私被窥探和滥用的风险感到越来越焦虑。但让人们放弃新的技术不用，转而掉头采用陈旧的信息应用模式，显然不大可能。明智的做法是，以持续的技术创新、规范的法律规条、严格的执行与监督来处罚违规主体、捍卫用户权益。

再来看人工智能技术所面临的现实问题。我的看法如下。

首先，应确保人工智能创造的机遇能够公平地为更多人所把握。在"AI 伦理与治理"系列研讨会第一期——"AI 向善的理论与实践"中，我强调过：全球范围内，各国、各地区经济和科技发展的程度本来就存在很大差别，这就导致了在相对发达的国家和地区，人们可以更快、更低成本地享用最新技术；而在那些欠发达的区域，人们则很难从前沿技术中获益。这种科技领域的"马太效应"会导致更严重的发展失衡与落差，因此，掌握先进技术的国家和企业对于推动人工智能技术的普及是有责任的。

其次，人工智能相关技术理应成为解决问题的助力而非阻力。2021 年以来，人脸识别应用因涉嫌滥用技术、侵犯用户隐私而被全球媒体指斥、引发监管动作或被起诉索赔的事件时有发生。事实上，人工智能原本是有潜力辅助解决应用窥私与用户信息遭泄露等痼疾顽症的，但对相关技术的不当使用，导致了对用户合法权利的更大威胁。这很可悲，因为技术本身并没有善恶之分，"向善"与"作恶"完全取决于利用技术的个人和组织的目标和价值观。这就要求从政府监管部门到应用开发者，再到受影响的用户，能够合力创造出某种更有效的机制，来确保技术不致被滥用或失控。

类似的挑战还有很多，例如，如何减少社交媒体上的虚假新闻与极端化评论、如何防范数据与技术偏见，等等。

再次，将人工智能相关技术转化为应对其他领域严峻挑战的引领力量。例如，微软自发布"AI for Good"计划之日起，就在不断对这一计划所覆盖的领域进行延展。到今天，"AI for Good"已涵盖了地球环境、卫生与健康、无障碍（如针对弱势群体的无障碍产品设计等）、文化遗产和人道主义等多个跨国、跨行业课题，并且时刻都在产出新的技术结合创意、产品功能改进与落地合作的案例。

微软在 2016 年提出了发展人工智能技术所应遵循的原则：公平、包容、透明、负责、可靠与安全、隐私与保密。这些原则将指导人工智能跨学科、跨领域的发展和利用。唯有坚持这些原则，人机携手、共创未来，才不会仅停留在梦想阶段。

最后，我由衷地希望，这本书能够给关注人工智能技术前景的读者们一些有益的启示。

洪小文
微软全球资深副总裁

|目录|

导/论

人工智能的伦理和治理——挑战与应对

　　郭锐，未来论坛青年理事，中国人民大学法学院副教授、未来法治研究院社会责任和治理研究中心主任。他毕业于中国政法大学（法学学士、硕士）和哈佛大学法学院（法学硕士、法学博士），研究兴趣包括公司法、金融法、人权法、人工智能伦理与治理等，担任国家信息标准化委员会人工智能分委员会委员、全国标准化委员会人工智能总体组社会伦理研究负责人，参与了

中国第一个以人工智能标准化为主题的白皮书——《人工智能标准化白皮书（2018）》的写作、撰写"安全、隐私和伦理"部分，并主持撰写了国家标准委人工智能总体组报告《人工智能伦理风险研究》（2019 年 5 月发布）。

在经典童话《绿野仙踪》里，有一个人物是铁皮人。在变成铁皮人之前，他本是一个勤勤恳恳的伐木工，因为被诅咒，接连失去了腿、手和身体。好心的铁匠为他换上了铁皮做的腿、手和身体，伐木工一开始觉得没有什么影响，甚至过程中还因工作更有效率而欣喜。但没过多久，铁皮人就发现，自己铁皮的身体中没有了心灵，无法去爱。于是，铁皮人就和多萝茜、狮子和稻草人一起去往翡翠城，寻找自己失去的心灵。

铁皮人的故事，可谓技术和人类社会关系的一个隐喻。技术固然让社会更加丰裕，但社会的发展，却不单建立在科技取得的进步和突破之上。人类在道德和实践理性层面上的进步，也是发展的必要条件。今天，就技术给人类社会发展带来的挑战而言，人工智能的伦理与治理可能是人类要面对的最大挑战。意识到面对的问题，理解技术在何种意义上让社会已有的问题恶化，甚至带来新的社会问题，并且着手应对，人类就是在实践最高意义上的自由，这才是社会发展的必经之路。

与之前的技术相比，人工智能带来的挑战是前所未有的。传统的技术是工具意义上的，它产生的后果与作为决策者、行动者的人密不可分。而人工智能的自主性，让决策和行动与人分离。换言之，人工智能有着独特的"自主性"，能深度"参与"人的决策和行动。正因如此，人工智能给人类带来的挑战，不再是传统上常见的人对技术的直接误用和滥用而已。

技术往往有一种伦理中立的假象。有不少人认为，技术如同一柄利刃，人们既可以用它来为社会造福，例如用于厨房，也可以用它制作武器伤害他人。从 20 世纪开始，这种看法已经受到了质疑。在核技术用于大规模杀伤性武器之后，包括爱因斯坦在内的许多核物理学家提出了反思。他们看到，对于一种有潜力将人类毁灭的技术，仅仅强调技术的使用者遵循善的原则，已经不够了。使用者往往看不到技术带来的长期后果，有时并非出于恶意的使用，也可能给社会带来灭顶之灾。类似的忧虑，在基因技术的讨论中也广受关注。在人工智能语境下，这一点更加突出。

过去几年中，比尔·盖茨、马斯克和霍金等公众人物在不同语境下都曾公开表达过关于人工智能对人类未来影响的悲观看法。很多评论者更是把文艺作品《弗兰肯斯坦》《终结者》中表达的人对机器的恐惧，与人工智能超越人类智能关联起来。应该说，即便我们不害怕出现一种超越人类智能的通用人工智能（超级人工智能），我们也应有对技术的担忧。目前，尽管有"奇点来临"的警告，我们还没有看到人工智能超越人类、掌握统治权的迹象。今天我们拥有的人工智能仍然是专用人工智能，或者说是远逊于人类智能的"弱人工智能"。但是，人工智能技术内在的长期负面结果，已经体现在生活中的方方面面。

2020 年，一篇外卖骑手为算法驱使不得不疲于奔命的文章在微信朋友圈中刷屏，让社会大众第一次见识了人如何被算法奴役。各平台的算法系统设置的配送时间不断缩短，导致骑手几乎每单都会有逆行等违反交通规则的行为。他们发现，永远也无法靠个人力量去对抗系统分配时间的机制。就中国公众对人工智能伦理问题的关注而言，此案例将象牙塔中的讨论推向了公共领域。

更让普通公众担心的问题是隐私。每当收到相关的精准广告推送，人们对手机通信、社交媒体内容，甚至面对面聊天是否被"窃听"，都心有疑虑，这也是社交媒体中不时出现的"手机在窃听我"的坊间传闻的根本缘由。今天，绝大部分国人都拥有智能手机。智能手机上的不少应用软件，在安装时就获取了用户位置、相机、麦克风等诸多权限，而关闭这些权限往往导致不能使用这些应用软件。结果是，个人的诸多信息和上网浏览、搜索等行为，都会被记录、打包进数据库，最终变成商家向用户营销的依据：进行推送之前，商家不仅知道用户所在的地域、性别、消费习惯，甚至还能知道用户使用了哪些应用软件、使用各个应用软件的时长等。随着人工智能技术的发展及其应用的拓展，个人隐私是否能够继续存在呢？在纪录片《监视资本主义：智能陷阱》中，哈佛大学的肖莎娜·祖博夫教授指出人工智能和资本"合体"，带来的是科技巨头目中无"人"，在收集个人数据方面肆无忌惮。普通用户对少数服务商的依赖，成就了隐私和方便难以两全的虚伪意识形态。

其他应用在无人驾驶汽车、金融科技乃至公共行政、司法领域中的人工智能，所带来的人机伦理差异、对系统稳定性的威胁、歧视性风险等，更使得这些领域在欧盟的人工智能白皮书中被划定为慎重使用甚至禁止使用人工智能技术的范畴。这些都还是人工智能技术的直接和短期影响，如果考虑间接和中长期影响，例如无人驾驶的发展导致的出租车、卡车司机的失业，少数科技巨头的垄断，社交媒体算法导流带来的社会群体的认知差异，我们对人工智能技术的长期负面结果就更不应掉以轻心。

人工智能先驱、控制论的开创者诺伯特·维纳用了一个古希腊神话来诠释这种忽视负面结果导致的悲剧。弥达斯王希望获得一种点石成金的能力，他后来获得了这个能力并欣喜不已。弥达斯王的欣喜并未持续多久，因为他发现自己连喝水和触碰自己的亲人都变得不可能。弥达斯王的女儿想要拥抱他，却在碰到他的一刻变成金像。

如果我们把人类未曾预料到的、人工智能导致的长期负面结果看作结果，那么，是什么导致了这个结果？我的理解是，在这些负面结果的背后，共同存在的是人类不得不面对的创造秩序危机：人创造了技术，却反受其害。换言之，我们面对的是被技术反噬的可能性。这种创造秩序危机是由以下两个难题导致的。

第一，因果联系难题。人工智能被委以对人类事务做决策的责任，但它对决策结果的伦理判断能力不足。

第二，终极准则难题。由于缺乏引导人工智能发挥作用的终极道德准则，人工智能难以在互相冲突的决策之间权衡。从技术上讲，上述两个难题是无法最终解决的，这也使得创造秩序危机成为我们很长时期内必须面对的处境。这也是我们遭遇的长期负面结果的根本缘由。

如果将人类看作一个整体，这两个难题的产生或许可以视为是人类的理性和道德能力局限所致。因果联系难题的背后，是人类在完全把握客观世界复杂性方面的无能；终极准则难题，则反映出人类在道德能力上的残缺。公元1世纪的使徒保罗，在《罗马书》中用了简明有力的文字来展示这个困境："立志为善由得我，只是行出来由不得我。故此，我所愿意的善，我反不做；我所不愿意的恶，我倒去做。"承载着人类利用它的意志和人类为它计划的目标的技术，难以逃脱"我所不愿意的恶"。我们一次次看到，当人们为了某个具体的目标发展科技，科技并不总是像人们想象的那样驯顺。那些潜藏在技术中的人类的无能和残缺，不管人们为技术所定的目标是什么，迟早会在技术的应用中展现端倪。我们看到的技术的长期负面结果，有时甚至恰恰是由技术的研发、应用者具体的"所愿意的善"的目标所导致。而在此过程中，很多人却并不知晓。

展现在个人层面，创造秩序危机往往表现为我们作为人的道德自主性被损害；展现在社会层面，创造秩序危机则体现为治理方面的困境。人工智能技术很容易走向和权力同构，无论是在市场、社会还是国家语境下，因其效率，以及反馈的落后，都容易导向治理的困境。

在商业语境中，不论是出于对人工智能的理解不够透彻、对自己的偏见认识不足，还是对技术的潜在后果想象和思考不够，都容易产生问题。

企业产品设计所固有的目标导向，往往容易与用户的利益偏离。从具体表现看，产品经理们用哈佛大学的心理学家斯金纳的思路，用一种"操作性条件反射"的机制来激励用户完成产品设定的目标。这个目标的实现，除了会带来用户的沉迷、冲动消费、隐私暴露等后果，还可能以对一部分用户的不合理区别对待为代价。例如，媒体的智能推送，可能为了获得更长的用户停留时间、更有效地区别消费能力，而放任贬损人格的内容泛滥等。后者当然不是产品经理追求的目标，但确实受产品设计的逻辑限制而对这类潜在意外后果想象和思考不够。如果这些应用长期化，作为用户的个人道德主体性必定受损。随着推荐系统在将人的历史行为记录数据化，用户丰富多元的主体性逐渐被冷冰冰的数据替代，最终用户被算法定义，"真实自我"不再被关注。长期来看，社会多样性也会被侵蚀。而社会的低多样性可能导致阶层上升机会减少。例如，贫困家庭的学生不去名牌大学的一个原因是他们根本不知道有这样的机会。在线搜索和广告是缓解这一问题的有效途径，然而，要做到这一点，需要与当前基于用户算法分析的广告（有时是搜索）模式背道而驰。

在公共决策中，容易出现的问题是"简单化"，而人工智能助力决策者时往往导致公平性问题。耶鲁大学的人类学家斯科特在总结 20 世纪国家的特征时，发现决策者为了掌握社会整体的方方面面，不惜牺牲社会生活的丰富性。当然，越来越高精度的地图、人口普查数据、房产使用的登记等现代社会的决策依据，都代表着这种"简单化"的成就。很多公共决策都是通过上述数据做出的，这些数据的例子有税收、平均收入、失业人口、死亡率等。这种"简单化"，不仅可以提升公共服务的效率，而且赋予现代国家新的能力，让公共决策者可以完成尽早干预流行病、大规模干预经济等工作。但是，"简单化"也带给人类很多失败的工程，甚至灾难。在人工智能应用于公共决策时，作为一种很难被察觉的路径依赖，"简单化"的需求和人工智能某些有缺陷的应用似乎天然契合。当大数据为公共决策提供了广阔的样本依托时，社会生活中的人也逐渐被简化为统计学意义上的"人"，使主体性在无限的样本容量下被不断削弱，这也为算法歧视的产生铺平了道路。

人工智能技术为数字经济的产生和发展奠定了基础，社会从整体上受益于这项革命性的技术。但毋庸讳言，这项技术同时也带来了诸多的伦理和治理问题。过去几年来，全球学术界和企业界就人工智能伦理和治理达成了诸多共识。全球企业界、学术界和民间团体、社会大众逐渐认识到，必须建立一个使社会从人工智能中受益并防止其产生危害的治理体系。

正是对上述这些人工智能伦理和治理问题的关注，催生了未来论坛的"AI 伦理与治理"系列研讨会。作为科学公益组织，未来论坛在连接学术界、科技企业与公众的讨论中，希望推动形成人工智能伦理共识，提供治理模式的前瞻性思考，促进行业及学术界为解决相关问题付诸行动。

系列专题研讨会获得了广泛的社会关注。研讨会以在线形式举办，不仅吸引了 AI 工程师 / 开发者、AI 学术专家、研究员、学生、科技公司人员等相关人群，还有大量公众观看。研讨会为社会各界搭建了多学科、多维度的交流平台，在思想碰撞中迸发出了许多真知灼见。

我想要感谢所有发言嘉宾的公益支持。他们无偿贡献自己的时间和知识，投入到每期研讨会活动中，最终为观众们呈现了一次又一次精彩的讨论。我也要感谢未来论坛秘书处的各位同事，特别是 Kristine 和张伟帅，他们为这一系列活动付出了大量的时间和心血，精心策划、组织了每一期活动。此外，我还想感谢志愿者卞哲、蒋礼和文字编辑蒋宝尚，他们参与了每一期研讨会内容的文字编写和报告整理工作。

作为全书导论的执笔人，我想强调，所有这些研讨会的成果也都应该归功于系列研讨会策划委员会的成员，包括未来论坛理事方方，未来论坛青年理事漆远、青年科学家崔鹏以及美团首席科学家夏华夏。他们不仅自己作为主持人、嘉宾直接参与了研讨会讨论，还通过共同决策和讨论，为这个系列研讨会的内容质量和精彩呈现发挥了重要的保障作用。能和他们一起工作，我深感荣幸。

第1章

AI 向善的理论与实践

1.1 导语

郭锐

未来论坛青年理事，中国人民大学法学院副教授，未来法治研究院社会

责任和治理研究中心主任

我们的时代为何需要讨论人工智能伦理原则？对任何一个认真思考的读者而言，如果谈论人工智能伦理原则仅仅是因为政治正确或者跟风，甚而是对商业利益的粉饰和掩盖，那么这件事就毫无价值。

对善的追求，是一个古老而常新的话题。关于善的思考，在中西方都是学术思想中最有深度和活力的内容之一。随着人工智能技术的飞速发展和广泛应用，今天的公众和学术界越来越关注科技向善。何为"善"？如何"向"？这是我们想要回答的问题。但在现代社会，伦理思考带着时代的局限性，让我们讨论这个主题本身就障碍重重，加上社交媒体主导的新舆论环境下，社会的思考日趋碎片化。论者或许有心，听者未必有意。因此，我们设计了这一次专题研讨会。

人工智能伦理今天备受关注。但对科技行业而言，它却并不是一开始就受到认真对待。道理很简单：无论在中西方，伦理评价常常被视为一个只分黑白、不论程度的判断。在西方，受康德伦理学传统的影响，某件事情一旦被认为关乎伦理，往往变成一个要在道德上评判对错的定性问题。在中国，受到传统义利之辨的影响，如果讨论人工智能技术商业应用的伦理问题，也容易变成一种非此即彼的道德指控。某个产品或者某个类型的服务被质疑不合乎伦理，那么对企业而言，立即会产生巨额公关成本甚至合规的风险。这也是为什么近来"可信赖人工智能"（Trustworthy AI）逐渐为公共讨论中人工智能伦理的替代用语。与讨论是否合乎伦理相比，讨论"可信赖"可以用程度来描述。人们可以说某人工智能产品或者服务比另外一种"更可信赖"。这当然大大降低了在企业界的阻力。

逃避伦理讨论，自然绝非社会应对问题的良策。这并非仅仅在讨论人工智能时如此，而是在所有问题上都适用。现代社会将伦理判断归入"私人事务"，助长了伦理讨论中的相对主义风潮。伦理相对主义事实上把社会的冲突压抑在私人领域，其结果是，人们在公共领域中伦理辩论的分歧，并不能反映社会上真正的伦理冲突。这带来了当代一方面广泛存在"政治正确",另一方面社会分裂难以避免的窘境。哈佛大学的桑德尔教授和芝加哥大学的埃尔施泰恩教授在一次公开演讲中不约而同地批评了这样的思路。

科技不能逃避伦理问题,特别是对人工智能技术而言。人工智能在自动驾驶汽车、医疗、传媒、金融、工业机器人以及互联网服务等领域和场景中应用,其影响范围越来越广。各国产业巨头已经投入大量的精力和资金,开展人工智能关键技术攻关和与应用相关的研究及产品开发,并纷纷推出了不同的人工智能平台与产品。这些发展一方面带来了效率的提升、成本的降低,另一方面也给社会带来了全新的问题。各国家(地区)、各行业组织、社会团体和人工智能领域的商业公司纷纷提出人工智能的伦理准则,对人工智能技术本身及其应用进行规制。

这些伦理准则所指向的"善"是什么?我们为什么要遵守这些伦理准则?或许是因为人工智能技术力量的强大,让人们对它感到恐惧。很多人从强大的人工智能技术联想到弗兰肯斯坦——一个在雷电中诞生的人和机器结合的怪物——人工智能会不会和弗兰肯斯坦这个怪物一样强大却并不良善?人类会不会创造一种技术最后毁灭了我们人类?比尔·盖茨、马斯克、霍金等技术领袖和科学家,都曾公开提出这个问题。科幻小说作者阿西莫夫在几十年前就提出机器人三定律,今天的公众讨论和商业、政治决策仍受其启发。今天我们知道,机器人三定律并不能一劳永逸地建立对人工智能的合理约束,但它的真正价值是提出了一个可能性。这个可能性就是我们所创造的技术——在处理某些问题上比我们要迅速,在机械、物理力量上要比我们强的"自主"决策主体——不仅不会伤害人类,反而能够造福人类社会。机器人三定律所要处理的核心问题是人的主体性问题,这也是探讨人工智能伦理和治理的核心。无论是算法决策相关的问题、数据与隐私相关的问题,还是社会影响相关的问题,都关系人的主体性问题。

伦理准则和科技研发、商业应用的必要性之间存在紧张关系。但正如 17 世纪的思想家霍布斯和洛克所看到的，个人必须牺牲一些自由，以获得更大范围的自由。换言之，一种正当的约束，是让人从某种不受约束的负面状态中获得更大自由的前提。哈佛大学法学院给毕业生的忠告是：去运用那些能让人们自由的合理限制。

在现代社会中，善关乎社会生活的基础条件。但关于善的讨论，越来越多地被具体而专门的学科讨论所掩盖。借着不同背景的思想者的探讨和互相激发，我们希望把善的问题从看似技术、专业的语境中还原到更大的社会语境中，防止那些对社会而言绝对重要的问题被少数人垄断，妨碍社会成员做决定的自由。这也是我们如此设定第一期研讨会的初衷。

1.2 主题对话：AI 伦理与治理的根本问题

AI 技术的发展正在重塑当今社会的生产方式与产业结构。AI 在提升生产效率、赋能产业的同时，也为社会带来了全新的挑战。自动驾驶汽车交通事故的防范与归责、新冠疫情下个人隐私的保护、人工智能技术的应用对就业的影响、技术是否会引起贫富差距扩大等，均成为公共讨论的议题。如何应对 AI 可能对社会产生的负面影响？ AI 伦理与治理的讨论应运而生。"如何避免大数据时代下个人隐私形同虚设？""代码是否具有道德？""人工智能时代的道德代码如何编写？"贯穿在对这些现实问题的思索与回答之中的，是两个根本问题：何为"AI 伦理？"又何为"AI 治理？""科技向善"，何为"善"，如何"向"？

"AI 向善的理论与实践"专题研讨会，即意在从与学者、企业家的对话过程中，探索这两个问题的答案。

主持嘉宾:

郭锐,未来论坛青年理事,中国人民大学法学院副教授,未来法治研
究院社会责任和治理研究中心主任

对话嘉宾:

洪小文博士,微软全球资深副总裁

洪小文博士曾任微软亚太研发集团主席兼微软亚洲研究院院长,全面
负责推动微软在亚太地区的科研及产品开发战略,以及与中国和亚太地区
学术界的合作。

洪小文于台湾大学获电机工程学士学位,之后在卡内基梅隆大学深造,
先后获得计算机硕士及博士学位。他是电气电子工程师学会会士(IEEE
Fellow)、微软杰出首席科学家和国际公认的语音识别专家,在国际著名学
术刊物及会议上发表过超过 120 篇学术论文,参与合著的《语音技术处理》
(Spoken Language Processing)一书被全世界多所大学采用为语音技术教学课
本。另外,他在多个技术领域拥有 36 项专利发明。

漆远，未来论坛青年理事，复旦大学浩清特聘教授、博士生导师，人工智能创新与产业研究院院长

漆远于美国麻省理工学院获博士学位，他曾任普渡大学终身教职，哥伦比亚大学、剑桥大学、北京大学等高校访问教授／学者，阿里巴巴副总裁、蚂蚁集团首席 AI 科学家及数据智能委员会主席；研究方向包括人工智能及其在经济金融与生命科学等领域的应用；曾组建并领导蚂蚁 AI 团队研发核心技术及相关产品，赋能多项金融业务，包括智能风控、智能理赔、资金优化与智能客服等；曾任 JMLR 执行编辑，ICML 等会议领域主席，中国保险协会首席 AI 科学家；曾获美国自然科学基金会职业发展奖（NSF Career Award）奖、微软牛顿突破奖、英国威康信托基金会研究奖，入选中国人工智能学会优秀科技工作者。其工作曾被《经济学人》《麻省理工科技评论》报道，并被哈佛大学商学院收录为案例。

薛澜，清华大学苏世民书院院长

薛澜，1991 年获美国卡内基梅隆大学工程与公共政策博士学位，其后受聘担任美国乔治·华盛顿大学助理教授；1996 年回国任教于清华大学，2000—2018 年期间先后担任清华大学公共管理学院副院长、常务副院长、院长；2018 年 9 月起担任清华大学苏世民书院院长，同时兼任清华大学中国科技政策研究中心主任、清华大学可持续发展研究院联席院长。他的研究领域包括：公共政策与公共管理，科技创新政策，危机管理及全球治理，并在这些领域中多有著述。

薛澜兼任国务院学位委员会公共管理学科评议组召集人，国家新一代人工智能治理专业委员会主任、美国卡内基梅隆大学兼职教授、美国布鲁金斯学会非常任高级研究员等；曾获国家自然科学基金委员会杰出青年基金支持，担任教育部"长江学者奖励计划"特聘教授，获得复旦管理学杰出贡献奖、中国科学学与科技政策研究会杰出贡献奖、第二届全国创新争先奖章等奖项。

夏华夏，美团副总裁、首席科学家

夏华夏担任北京智源人工智能研究院理事，中国电动汽车百人会理事，清华大学人工智能国际治理研究院发展与合作委员会副理事长，智能无人系统产学研联盟副理事长，入选 2020 年青年北京学者。

1.2.1　技术改变世界，世界需要治理

洪小文：AI 发展曾经过两次冬天。第一次冬天的"尾巴"在 1991—1992 年，那时作为刚毕业的学生，我们都不敢说自己是做 AI 的，因为很难找到工作。今天的 AI 很热，它可以提升创造力和商业竞争力。但也要明确一个重要的价值标准：AI 能否惠及每一个人（for all）？

郭锐：在历史的语境下，每当我们看到技术的发展，总是看到新的东西，这正是技术的魅力。AI 技术并不是"新"东西，它也正在向前发展，以后也会遇到很多问题。面对问题，我们需要把握干预时机，通过引导技术发展的方向来解决问题。

漆远：金融服务里的文本分析、电影特效制作里的计算机视觉技术等这些当年很"科幻"的技术，慢慢都在变成现实，由此也带来一个核心问题：可靠性与治理。

因为要想让 AI 系统稳定，必须保证技术的可信、可靠。就可解释性而言，很多决定本身，尤其在金融相关领域，只有理解 AI 为什么做这个决定，才能更好地理解它如何防范风险。

在数据利用方面，我们如何打破数据孤岛，让多家机构合作的同时，保护各方的数据隐私和安全？这背后的"隐私计算"话题也和行业发展密切相关。因此，如果要保证科技向善，可靠性和治理就变得越来越关键。

薛澜：随着中国不断发展，在很多新的技术领域，我们已经走在前沿，开发新的技术并尝试它的首次应用。在以前，中国使用的科学技术，往往西方国家已经用了很多年，它的各种弊病和问题也都研究得比较透彻。因此，面对技术应用上的治理挑战，中国可以"借鉴"。

但是到第四次工业革命，我们也已经走在前列，许多新技术背后存在不少不确定性。例如，人工智能应用需要考虑以下几个方面：

一是技术应用在带来很多向善的益处时，可能存在潜在的负面影响。二是技术应用过程中有时候可能出现伦理问题，应用是否合适，需要社会各方面参与判断。三是技术应用可能带来很多未知风险，例如，通用人工智能实现之后，会不会变成人类的主人。最后，AI 治理的执行比较难，没有具体技术指标可用，原因在于其决策的"黑箱性"。

夏华夏：AI 治理中的第一个挑战就是隐私问题。隐私问题不是 AI 的专属，在信息时代，大家的信息几乎无处可藏，无论是虚拟的网络还是现实中的监控摄像头，都让个人隐私保护面临挑战。隐私的保护标准与整个社会或者族群对隐私的认知有关，国家之间也存在差异。国内民众可能认为，为了公众的安全，在某些情况下可以让渡一部分隐私，而其他一些国家则可能更看重隐私。

第二个挑战是人工智能公平性的问题，公平性涉及多个方面：其一，在信息茧房存在的前提下，信息获取是否公平？其二，新技术使用有门槛，许多老人不会使用人工智能时代的新工具，所以这些新技术是不是成了"少数人的技术"？其三，商家提供服务时是否存在不公平对待？例如"大数据杀熟"。

第三个挑战是安全问题，一方面是技术安全，人工智能本身需要保证技术的可靠性与稳定性；而另一方面，人工智能的出现也让我们很容易获取大量数据，导致数据欺诈等数字犯罪的成本降低。

第四个挑战是就业问题，当自动化技术变得越来越成熟，人工智能技术已经取代一部分人类的劳动，那么未来人工智能技术和人类就业岗位之间是一种什么样的关系？

郭锐： 在我国，很短的时间里发生了生活环境的巨变。这需要我们在新的语境下思考隐私、公平性和安全性等问题。其实，正如历史学家所言，过去的科技革命在消灭一些传统职业的同时，也会创造新的职业。这也是我们过去十年亲眼见证的。

应对技术带来的问题，不仅需要传统意义上政府在立法政策上的应对，也需要企业的应对；不仅需要技术专家的参与和支持，更需要包括每一位用户在内的整个社会的参与。

1.2.2 技术恶果源于人类自身，人工智能带来了哪些挑战

洪小文： 在多数情况下，技术都是好的。而在技术被广泛应用后，会产生一些大家所担心的负面效应。例如，在各个国家经济发展程度不同的情况下，有些人可以使用到最新的技术，而有些人不能，这就可能带来发展的不均衡和落差。

另外，AI 的安全、隐私问题也得到了越来越多的关注。例如，社交媒

体中出现假新闻，如果不小心误传、误信，就会影响决定；还有数据和技术偏见，有数据就一定会有偏见，因为体量再大的数据也不可能涵盖所有方面。水能载舟，亦能覆舟，其实真正的问题在于技术背后的创造者，在于怎么使用技术，因此技术导致的不良后果其实源于人类自身。制造者、用户、政府、受影响者都是重要的相关方。

因此，应对人工智能带来的挑战，微软的理念是：需要以负责任的方式设计人工智能。具体体现为合法与主权、负责、透明、包容、隐私与保障、可靠与安全、公平这些原则，说明如下。

1）合法与主权：在任何国家或地区经营都要保证合法性、尊重其主权。

2）负责：技术和产品设计制造者要对技术和产品的部署和运营承担责任。

3）透明：程序设计透明化，数据收集过程透明化。

4）包容：技术能够服务每一个用户，包括少数族群、残障人士。

5）隐私与保障：保障用户不受网络骚扰、身份信息不被窃取，并避免产生一些实质性的灾难。

6）可靠与安全：任何 AI 系统都不可能万无一失，但如何预防风险，如何提供更进一层的安全保障？

7）公平：怎样不把偏见带到 AI 产品中，如何避免偏见？

郭锐：制定技术规制框架要考虑其拓展性。现在制定的框架可以用于现在的专用人工智能领域，那么，在未来向通用人工智能行进的过程中，该框架是否可以继续适用呢？另外，社会对技术的信任至关重要，中国过去 20 年，特别是近 10 年来在人工智能领域的发展，很大程度上受益于社会对于技术的拥抱和信任。

薛澜：第一，很多传统技术是相对被动的，人类的应用行为显得比较主动。但人工智能技术的不同之处在于它具有智能，因此人类与技术的关系发生了改变。我们对传统技术占据主动权，但是使用人工智能技术进行人机交互时，有时不一定自信。第二，对进行技术开发的公司而言，信任问题需要被重视，特别是隐私问题。现实中有些技术公司或其中的部分员工存在不道德地利用公众信息的可能，例如把个人或非个人数据汇集在一起得到更多的信息，或者把这些数据打包在网上售卖，等等。所以从用户角度，我们需要清楚地知道相关公司的开发系统如何运行，对公众或用户数据的处置是否合理。

夏华夏：很多企业掌握着大量数据，但数据的归属问题并不是那么清楚。例如医院拍摄的医学影像是属于用户么？如果没有医院工作人员的劳动、设备仪器的投入、医生的诊断，仅靠用户无法形成完整的数据。因此，在数据的所有权归属问题比较复杂的情况下，如何保护用户隐私，是非常有挑战性的问题。

具体到科技企业，如果收集数据，应该告诉用户数据未来的用途，这种告知在某种程度上也是解决隐私问题非常重要的手段。当技术成熟之后，如果能做到每次调用用户数据，系统能自动通知每个用户，那么也能让用户安心和放心。

保护数据隐私，企业要有自律精神。如何使用数据、谁能使用数据，数据保密级别如何分档等都需要一套制度以及委员会监管。

数据安全需要技术保障，但起兜底作用的还是法律法规。最近国家也在积极讨论数据保护的相关法律法规，这些法律如果得以应用，对企业是约束，也可以让用户放心。

1.2.3 "技术替代"甚嚣尘上，通用人工智能在哪里

漆远：某 AI 学术顶会曾经有过调查——你觉得什么时候通用人工智能会实现？这一问题即使 AI 领域的专业人士回答，给出的论断也是百花齐放：有人认为五年，有人认为五十年，有人认为永远不可能。这在某种程度上

说明，对科学的预测本身非常困难。

现在学术界和企业界比较关注深度学习，有种趋势是：大模型即正义。自然语言处理等模型参数已经从百亿升级到千亿、万亿级别。海量的数据和计算使得大模型能力越来越强，但对于一些尝试性的问题，大模型还无法解决。

其实，从人工智能围棋程序"AlphaGo"到现在一系列数据驱动深度学习技术的历程中，很多人都对人工智能的发展比较乐观，但其实现阶段的人工智能所具备的推理能力非常弱。AI 发展有很多条路径，深度学习只是其中之一。显然，只有把知识、人的推理能力和数据驱动的深度学习结合在一起，才能让 AI 产生新的突破。在这个目标没有实现之前，AI 无法具备常识推理的能力，通用人工智能更是无"基"之谈。

但我们今天处在情形非常微妙的时间点上，充满了各种可能。如果把几种技术思路结合在一起，能否跨出通用人工智能的一大步？这谁也无法预测。现在我们必须为这种不确定性做好准备，提前想出治理 AI 技术的思路，保证现在以及未来的 AI 技术可靠、可信。

洪小文：对于"实现通用人工智能"的说法，我们还没有看到任何现实依据。对比人类自身这一"通用人工智能"，我们能够清晰地看到现在的人工智能是"强人工智能很弱，弱人工智能很强"。

具体而言，弱人工智能就是专家系统，例如在人脸、特定物体的识别等某一领域很擅长、很强大的 AI 程序。而人类恰恰相反，好像什么都懂，但并不是全部都擅长。

对于通用人工智能的威胁，其实没必要太过担忧，我们应该担忧的是全能手：超级人工智能。另外，今天的人工智能根本没有具备系统化解问题的功能，通用人工智能的实现还"没有影子"。

担忧本质上源于人做任何事情都希望可控。任何一个科学家进行发明创造，都希望可控，没有人希望最后毁了世界，"疯子"除外。所以，如果人类真的实现了通用人工智能，我们能否控制它，在于我们能否控制其制造者和使用者。

漆远：几年前在麻省理工学院顶尖科学家之间有一个关于通用人工智能的辩论，辩论的主题是"将来机器人是否能够像牛顿和爱因斯坦等科学家一样发现科学定律"。

在场的研究者分为两派，一派认为不可能，因为这个技术的"种子"不存在；另一派认为，有可能实现，但技术路线不得而知。我们并不知道未来会具体发生什么，但在数学上概率是零的事件也是有可能发生的。例如，在金融风险领域并不存在绝对不会发生的风险。

系统可控性同样如此，人人都想做出可控的系统，但是系统经常就在我们以为可控的时候出现不可控的情形。所以系统设计要留有"冗余"，即理论上没有问题，但工程实现时，也要留有冗余和余地。

诚然，在信任和可靠性问题中，人类是第一重要的，机器也是由人制造的。但认为只要控制住人，智能系统就没有风险，这其实远远不够。一个原因是智能系统越来越复杂，有很多无法理解的地方，所以"可解释性"非常重要。技术人员往往希望系统开放透明、持续发展。但是在技术发展成复杂系统后，就技术本身而言，普通人很难明白背后机理、因果关系。

不能简单地说，人是负责的，系统就是负责可靠的。例如司机很称职，但如果刹车出现故障，同样可能导致车祸。所以需要将人和智能机器看作一个大系统，从整体来思考和构建可信和可靠性。

数据隐私保护，是用户保护的问题，也是一个数字经济的发展问题。它一方面涉及数据生产资料，另一方面又事关每个用户的权益，如何在保护用户隐私的同时，让 AI 发挥数据价值、推动经济持续发展，这是非常关键的问题。

隐私的反义词可以是"透明"。透明有助于提升信任感，但就保护隐私而言，有些地方是不能透明和对外开放的。对于隐私保护来说，去标识匿名化是可以使用的技术方案之一。但如果将数据简单地完全匿名化，数据所含的有用信息量也会大大减损，数据价值降低。

这里就引出了一个非常关键的问题：智能时代下的数字经济能不能既保护隐私，又发挥数据的经济推动能力？其实，这在技术上是可行的，如"差分隐私""多方计算""可信环境计算"等技术可以帮助数据可用不可见。

隐私是一个社会问题，需要更多的人来一起讨论，需要来自各行业的研究者和从业者共同解决。很多问题没有一个绝对的答案，我们要在中间点上找到一条共同前进的路。

1.2.4 技术发展不断向前，人工智能如何治理

郭锐：人工智能技术已经投入应用，而且实实在在地对社会产生影响。同时，我们还在进行技术方面的改进。这种情况下，实施各种治理方案时要明白，这是会牵一发而动全身的，因此，这需要我们像医生给病人做手术一样谨慎。

夏华夏：技术总是向前发展，只要这个地方有一个技术金矿，就会有很多对未知的事情充满好奇的学者和企业界人士。今天我们讨论 AI 的治理，目的就是在技术不断往前发展的时候能找到一些规则、办法，让越来越先进的技术继续走在向善的、帮助 AI 的用户及社会，甚至帮助整个人类的方向上。

AI 技术本来不存在好坏，真正决定 AI 是向善还是向恶的，则是使用 AI 的工程师和背后的组织，希望科技企业在内部制定规范，让人工智能技术能够帮助每一个用户。

漆远：在技术上，要慎重选择和设计 AI 公平性的考量标准。这方面一个经典的例子就是辛普森悖论，在不同层面看问题，会得出完全不同的结论。

例如，加利福尼亚大学伯克利分校在统计男生女生的入学录取率时发

现，1973 年男生的录取率为 40% 多、女生为 30% 多（在美国各个种族、性别的大学录取率最能反映公平性，因为教育是最大的公平），似乎是女生被歧视了。如果再仔细看，将各个系的男女录取率进行比较，就会发现每个系女生录取率不一定低于男生，甚至比男生录取率还高，这是怎么回事？

听说现在不少国外高校的录取系统使用了计算机辅助决策系统，如果要把道德指标写入该算法决策系统，怎么选定这个指标呢？是全校男女生录取率的平衡还是每个系生的男女录取率的平衡？这是需要仔细考虑的。

回到那年加利福尼亚大学伯克利分校录取的问题，学校和系层面的录取率差异产生的原因是什么？分析发现大量男生申请了录取率比较高的系，而女生普遍申请了录取率比较低的系，从而拉低了学校范围的女生录取率，不过从每个系的角度看，男女生录取率基本一致。如果录取更多女生，让学校范围的男女生录取率更一致，就可能导致在每个系里男生都比女生更难被录取，那将会是对男生的歧视。

另一个例子，在美国某州关于黑人死刑判决里面是否存在歧视有过法律分析。当时的问题是：是否黑人杀人更容易被判死刑？整体看好像没什么区别，但如果按照"受害者是白人或黑人"或"行凶人是白人或黑人"进行分类，并分开分析，就会看到完全不同的结论。所以要从不同层次细致分析设计算法公平性的指标，分析是否存在"辛普森悖论"，否则也许会导致好心办坏事。

更深入地看，公平性背后一个很重要的基础是因果分析：究竟是什么导致了当前 AI 尚不能令人满意的表现，是从业人员不努力、不负责导致的，还是 AI 的先天条件导致其受到限制？针对不同的原因，治理方案是不一样的，背后涉及哲学和法律的思考。所以我们在设计这些系统指标时，需要哲学家、社会学家、法律学者和 AI 技术专家一起讨论，把哲学、法律等人文的思考和技术结合在一起，才能实现持续的良性发展。

1.2.5 前沿技术结合行业应用，如何明确治理责任

薛澜：在人工智能领域讨论治理问题，企业要承担很大的责任。在行业治理过程中，政府是治理者，作为被治理者的企业，与政府往往有种博弈关系。政府出台一些规则以后，企业总想在遵守规则的情况下，使得企业利益最大化，甚至规避一些监管。

而人工智能领域的实际情况是：由于技术发展很快，政府作为治理者远远落后于企业。在治理者制定规则的过程中，因为技术已经往前走了很远，所以规则总是一追再追。

对此，比较好的治理模式是"敏捷治理"，政府和企业都要改变观念。如果企业发展过快，导致以公众利益和安全为目标的政府管制无法企及。倘若此时企业出现一些问题、带来一些危害，政府就会把管制的口子拉得很紧，这对技术的发展非常不利。怎样让治理者和技术发展推动者之间形成良性互动，这就要改变原来政企互相博弈的关系，从"猫抓老鼠"的关系转变成搭档的关系。技术发展迅速可能会带来一些危害，如果政府没有及时采取措施，公众也会问责，所以政府对技术不及时下手监管，对技术发展本身也是不利的。"敏捷治理"要求政府与企业互相沟通，共同讨论潜在风险，判断如何有意识地加以规避。鉴于不同类型的企业在不同发展阶段可能考虑的问题不同，所以这时尤其需要成熟企业与政府合作，建立合理的治理框架，这是目前最合理的治理方式。

由于人工智能技术的复杂性，在某种程度上，企业更加需要强化自律精神。较之其他行业，社会对 AI 企业自律的要求更高，只有这样，才能够让人工智能技术更健康地发展。

洪小文：企业应当负担更多的社会责任。

第一，法律只是最低标准，企业最先接触技术，法律在后制定管制标准，所以企业走在管制前面。

第二，很多人把超级人工智能看作"神"，AI 成神是没有"影子"的事情，但没有"影子"不代表概率是零。以假设实现超级人工智能的思路进行 AI 治理，实际上是缘木求鱼。因此，AI 治理的关键是要契合今天的 AI 技术。人工智能持续发展，无论进展如何、能够做到什么程度，它背后的原理永远是"AI+HI"，即人工智能 + 人类智慧（Human Intelligence）。

第三，人工智能的确会取代一部分人的工作。从历史来看，汽车的发明导致马夫失业，这是技术发展的必然结果。技术更迭给职场带来的变化是必然的，更不要说新冠疫情更加速了这一变化，远程会议、线上教育、数字化让将来的工作场所可以无所不在。不管是从政府角度、个人角度还是公司角度，与其担心就业问题，更应该关注教育。数字教育不只是属于计算机专业的课题，实际上对非计算机专业也一样重要。

未来每个人不论是文科还是理科，都至少接受了 12 年的数学教育，那么对于计算机、大数据、AI 等一些通用的数字技能而言，至少应该安排 6 年的通识教育，因为这是大家所必备的基本数字技能。我们应当鼓励每个人终身学习，因为对于 AI 而言，10 年前学习的东西和现在完全不一样。

第四，牛津大学一位经济学家科林·迈耶讲过：商业的目的不仅是利润，而是要能够创造解决人类和地球问题的解决方案。怎么样让 AI 解决人类的大问题，还可以实现盈利，这是每个企业都要考虑的。当然，面对地球环境和气候面临的挑战，仅仅减少碳排放还不够，怎么样捕捉和回收碳排放，这也需要企业拿出资源，一起治理我们的环境，不仅为我们自己，也为我们的子孙后代。

夏华夏：把道德准则写到代码里的确是需要的。规范技术是要由人来完成的，人有什么样的道德准则就会产出什么样的应用。所以，代码里嵌入道德，体现为两类，一类是原则，例如 AI 向善等基本准则是不能违反的，另一类是变化的，随着社会往前发展，或者在不同的族群之间，大家对道德的认知、对社会规范的认知并不相同。在不同的场景、不同的时空环境下，人们对某些道德准则的认定不一样，未来会出现一些在原则基础之上的准则，它们会随着整个社会的认知发展而不断变化。

隐私也是如此，20 年前，我的英语老师时常叮嘱"女生的年龄是隐私"。而现在的大数据时代或者社交时代，每个人出生的时候，父母就在朋友圈把其出生年月日、体重都"晒"出来，年龄不再是隐私。因此，随着时间的变化，隐私的内涵也会不断改变。有一些原则我们要一定遵守，比如 AI 向善、企业初心。还有一些准则随着时代的发展认知不断迭代，但迭代背后也需要遵循"AI 向善"的原则。

郭锐：当 AI 犯错时，责任要落实到人类。一个不会思考的机器不会因为它受到惩罚而改变它的行为。当然，在今天的法律中，也有过惩罚"没有道德意识的主体"的情况。例如，刑法里对法人犯罪的刑罚。但这种情况下，惩罚行为最后也会落实到法人的法定代表人等具体的个人。

另外，未来无人驾驶的智能汽车出现事故，应该如何分配责任？不排除把每台自动驾驶汽车作为一个主体来设计保险责任。将来以这种主体为中心，建立责任、保险和分配风险的体系，并不是不可想象的。实现全自动驾驶尚需要一些时间，这正好是思考责任体系如何设计的窗口期。

夏华夏：在自动驾驶中，关键是车背后操控的人。出现事故需要判断本质，有刑事与民事责任之分。如果汽车算法、硬件没有通过严格认证，或没有拿到上路测试牌照就私自上路，发生事故就要追究刑事责任。如果算法本身还未达到足够可靠的程度，发生事故车的使用者要负刑事责任。此外，计算机程序不是百分之百可靠，即便车已经通过了基本的硬件软件安全测试，再上路使用，也不能保障软件、硬件万无一失。如果在那个时候发生事故，汽车的使用者不应承担刑事责任，但是民事责任还是无法豁免的。

薛澜：相比我们目前的责任体系，我倾向于建立制度体系分担此类风险，如通过某种保险制度来分担。虽然保险制度也可能存在漏洞和风险。但建立系统性的保险制度有两个好处：一是能保证技术得到广泛应用，二是能够保证出现问题之后，责任划分清晰。类比疫苗接种制度，由于疫苗接种者众多，很难排除个别反应比较严重的情况，这时候无法直接归责于具体的疫苗接种者或疫苗的生产商，而疫苗背后的保险制度，就为这样的"特殊案例"提供了一些保障。

第2章

AI 的公平性

2.1 导语

　　崔鹏，未来论坛青年科学家，清华大学计算机系长聘副教授、博士生导师，研究兴趣聚焦于大数据驱动的因果推理和稳定预测、大规模网络表征学习等，在数据挖掘及人工智能领域顶级国际会议发表论文100余篇，先后5次获得国际会议或期刊论文奖，论文先后两次入选数据挖

掘领域顶级国际会议 KDD 最佳论文专刊。他担任 *IEEE Transactions on Knowledge Discovery and Engineering*、*ACM Transactions on Multimedia*、*ACM Transactions on Intelligent Systems and Technology*、*IEEE Transactions on Big Data* 等国际期刊编委，曾获得国家自然科学二等奖、教育部自然科学一等奖、北京市科技进步一等奖、中国电子学会自然科学一等奖、CCF-IEEE CS 青年科学家奖等奖项，并入选 ACM 杰出科学家。

　　人类探讨"公平"千百年，对公平的定义却不尽相同。

　　当前正处于数字经济时代，人工智能算法是其中的核心驱动力。如今人工智能技术越来越多地被应用于教育、司法、医疗等重要领域的决策过程中，与人们的生产生活息息相关。但在不同算法决策系统中，往往存在各种各样的公平性问题。例如，麻省理工学院的加纳裔科学家乔伊·博拉维尼发现，由于训练数据集中对人种的采样偏差，人脸识别产品的智能算法存在不同程度的女性和深色人种"歧视"。微软开发的人工智能聊天机器人 Tay 可通过与人类对话进行学习，但在推特网站上线仅一天便被下架，其原因是有恶意用户与其谈论了种族主义以及煽动性的政治宣言，导致 Tay 在学习训练过程中被这些"偏见"数据影响，出现了辱骂用户、种族歧视等"流氓"行为。究其原因，智能算法往往隐含甚至放大数据中的立场和偏见，导致算法可能会歧视某一类由敏感变量划分的特定人群，敏感变量往往包括种族、性别等，对应的特定人群包括少数族裔、女性人群等。算法歧视现象的普遍存在会引发重大社会不公现象，危害社会安全。因此，对算法进行去偏治理是保障社会公平的迫切需求也极具挑战性。

　　同时，除了上述个体和群体公平性问题之外，关于平台经济和消费者之间的"公平"也逐渐成为社会热点问题。近年来，大数据驱动的智能算法带来的"大数据杀熟"、信息茧房、算法霸权等问题引起了社会各界的广泛关注。如何在利用大数据和智能算法提升经济效益的同时，充分考虑其扮演的社会媒介角色以及可能带来的社会影响，也是目前摆在学术界和企业界面前的共同难题。

在这样的问题背景下，如何定义公平及如何设计公平性算法，在科研和实际应用中都是极为重要的。AI 时代应该如何看待公平性，AI 技术会为社会公平带来哪些新的风险和机会，都是当前各界高度关注的话题。著名的技术哲学家兰登. 温纳曾经说过，我们所说的"科技"其实是在这个世界上重新建立秩序和规则的方式。那么人工智能的标准由谁来制定，是否公平，有无偏见？是作为人造物生来继承了人主观偏见的缺点，还是技术生来中立为实现社会公平提供新的契机？如果偏见不可规避，那又如何保证最大限度的公平？

为此，未来论坛"AI 与风险治理"研讨会组委会邀请了人工智能、社会学、法学等领域的学术界和企业界代表，试图从不同角度阐明 AI 公平性治理准则，分享 AI 算法公平性最新研究进展，共同探讨实现形式公平和实质公平一致性的 AI 算法治理路径。

研讨会上各位嘉宾围绕该主题展开了技术性、思想性和辩证性的深度分享和讨论，涉及议题包括 AI 时代公平性该如何定义；AI 系统预测和决策的公平性风险体现的不同维度；技术向善——如何利用 AI 技术推动教育公平、医疗公平等；中国社会应该如何应对 AI 公平性议题的建议和倡议等。希望能引起学术界、企业界和政策界等方面人士对 AI 公平性的重视，同时为该议题的解决路径提供多学科交叉视角的解读。

2.2 主题分享

有人说人工智能如同一面镜子，反映着人类社会中已存的文化偏见。如果人类想让快速发展的 AI 具备道德性，使得 AI 的应用具备公平性，也许人类需要的不仅是纯技术层面的探骊得珠，还需致力于自身"内部算法"的修正改进。

"AI 的公平性"专题研讨会，即意在从对技术的讨论出发，从社会、哲学、经济以及法学的角度，探讨 AI 的公平性这一议题，为"内部算法"的改进与"外部公平"的促进提出建设性意见。

主持嘉宾：

崔鹏，未来论坛青年科学家，清华大学计算机系长聘副教授、博士生导师

主题分享：

"全球 AI 治理进展和新动态"——段小琴，华为公司终端 BG AI 与智慧全场景技术规划负责人

"人工智能与数据治理"—— 杨强，微众银行首席人工智能官，香港科技大学计算机科学与工程系讲席教授

"法律如何保障 AI 应用的公平性"——申卫星，清华大学法学院院长、教授

2.2.1 全球 AI 治理进展和新动态

段小琴，华为公司终端 BG（业务集团）AI 与智慧全场景技术规划负责人，负责终端 BG AI 与智慧全场景业务部的产业和技术洞察、规划、策略制定等，面向未来孵化创新技术，推动公司决策和布局。自 2000 年加入华为，她历任开发部部长、PDT（产品开发团队）经理等管理岗位；并在标准和技术创新领域经验丰富，曾任华为公司 3GPP 标准组织架构组首席参会代表，有 300 多件发明专利（70 多族）获得授权，也曾任华为公司 AI 治理首席专家。

哈佛大学法学院的伯克曼互联网与社会研究中心在全球范围内，选出了 AI 治理的 36 个主流原则，并研究了所有这些原则之间的共性和差异。该项研究指出，所有公共和私人行为主体都必须防止和减轻机器学习技术的设计、开发和应用中的歧视风险，还必须确保有机制使得部署之前和整个系统生命周期中能够对歧视风险进行有效补救。其中，"公平性和非歧视"的共性内容有以下几点。

1）89% 的原则认为训练数据、技术设计和选择、技术部署中要预防歧视性影响。

2）36% 的原则认为在 AI 的运用过程中要考虑使用代表性和高质量的数据，保障数据的准确性、一致性及有效性。

3）56% 的原则提及 AI 的公平性，分为两个维度：第一，要追求实质性的公平，包括人工智能的发展要确保公平正义，避免对特殊的人群或个人造成偏见和歧视，避免科技为处于不利地位的人带来更不利的境况；第二，在程序公平层面，针对人工智能做出的一些决策，要确保有能够提出异议或者有效补救的程序措施。

4）25% 的原则涉及平等。平等超越了非歧视，它意味着每个人都应该适用同样的规则、获得信息数据支持，带来社会福利增值的公平分配。

5）42% 的原则提到了包容性，即公正分配人工智能带来的社会福祉，普惠于社会全体。

6）47% 的原则提到了要具备设计中的包容性，这是对技术团队和技术公司的要求，人工智能设计团队应具备多样性。

此外，研发过程中的无意识偏见不容忽视，这是指研发者本身主观上无意造成的偏见，比如"捷径偏见""公正性偏见"及"自利偏见"，等等。

捷径偏见可理解为"我没有精力思考这个"。具体表现可分为可得性偏见，即高估记忆中更"可得"的事项，受记忆发生的时间、不寻常性或情绪的影响；基率谬误，即忽略一般信息而聚焦特定信息的倾向；相合性偏见，即仅通过直接测试对假设进行检验而不测试其他假设的倾向；移情隔阂偏见，即低估自己或他人情感的影响力或强烈程度的倾向；成见，即在对某个人的真实信息并不了解的情况下，认为这个人具有某些特点。

公正性偏见可理解为"我知道在有些事情上我是错的，但在这件事上我没错。"具体表现可分为锚定偏见，即决策时太过依赖单个特征或单条信息；从众偏见，即因为很多人做，所以做某事或相信某事；偏见盲点，即认为自己不像其他人那样具有偏见，或者相比自己，能够从他人身上看到更多的认知偏见的倾向；确认偏见，即搜寻、解读或关注能够确认某人先入为主看法的信息的倾向；晕轮效应，即观察者受整体印象影响的倾向。

自利偏见可理解为"我们的贡献是最多的，他们并不是很合作"。具体表现可分为群内/群外偏见，即相比圈子外的成员，更偏好自己圈子内的成员的倾向；沉默成本偏见，即坚持过去的选择的倾向，即使它们已经不再有效；维持现状偏见，即维持当前状况的倾向，即使现在已经有了更好的选择；非圈内产物偏见，即不愿接触或使用圈子外开发的产品或提供的研究成果、标准或知识；自私偏见，即关注优势，忽略错误的倾向。

1. AI 治理监管领域的最新进展

欧盟长期致力于 AI 治理，很早就明确了 AI 治理的战略，在 2020 年发布了《人工智能白皮书》(*White Paper on Artificial Intelligence-A European Approach To Excellence and Trust*),提出人工智能"可信生态系统",提出对高风险 AI 系统的强制性监管要求,并对非高风险系统采取自愿标签认证机制。2021 年 4 月 21 日,欧盟发布了《欧洲议会和理事会关于制定人工智能统一规则(人工智能法)和修订某些欧盟立法的条例》(*Proposal for a Regulation of The European Parliament and of The Council Laying Down Harmonized Rules on Artificial Intelligence*(*Artificial Intelligence Act*)*and Amending Certain Union Legislative Acts*)的提案(以下简称"人工智能立法提案"),区分"禁止类 AI"和"高风险类 AI",并要求各欧盟成员国需参考本提案制定适用于本国的条例。一旦违反此条例,可被处以前一财政年度全球年营业额的 2%—6% 的罚款。

在欧盟《人工智能白皮书》以及"人工智能立法提案"中,认为"高风险"存在两个可能的场景:一是人工智能应用领域,例如医疗保健、运输、能源和部分公共部门;二是人工智能使用的方式,如对个人或公司的权利产生法律上或其他类似的重大影响。对高风险 AI 应用,欧盟采用事先评估及事后执法结合的方案,责任应由最有能力应对任何潜在风险的行为主体承担。

同时,欧盟在"人工智能立法提案"中列出了高风险人工智能清单,涉及的以下 4 点需要关注。

1)自然人的生物特征识别。涉及隐私信息的对自然人"实时"和"事后"的远程生物识别。

2)关键基础设施的管理和运营。涉及公共基础设施网络安全的人工智能组成部分,这里公共基础设施网络的例子有道路交通管理、水、煤气、供暖和电力供应。

3)涉及教育和职业培训,就业、工人管理和自营职业的机会,以及享受基本的私人服务和公共服务和福利等的人工智能。

4）执法、司法和民主进程中涉及的人工智能问题。

从上述分类来看，欧盟在对诸多与人有关的人工智能系统的应用上，态度非常谨慎，体现了以人为本的价值观。为了避免对人造成歧视等伤害，有的 AI 系统需要事先经过公平性等原则的测试才能投放到市场中。

2020 年 11 月，德国标准化协会，德国电气电子信息技术委员会以及德国经济事务和能源部发布了 AI 标准化路线图。该路线图提出了五级风险的"AI 应用评估金字塔"。

如图 2.1 所示，从上到下，分别对应第五级至第一级，其中第五级属于禁止类的自主系统，监管政策要求完全或部分禁止使用；第一级是没有或仅有极小风险的应用，其没有特别的监管要求；中间的第二级到第四级有不同层次的监管要求，比如"信用的自动分配"，就需要通过事前批准、事前测试，才能允许进入市场，而"理赔"只需要形式上满足透明度义务、风险公布等基本要求。

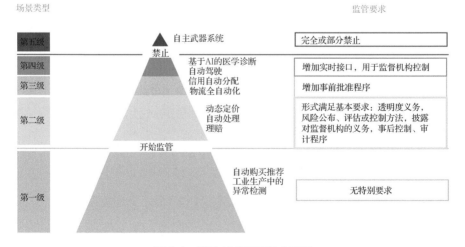

图 2.1　德国 AI 应用评估金字塔

日本和新加坡更多聚焦行业自律及对企业的赋能，暂时没有出台人工智能的监管法规。日本鼓励采用无法律约束力的行业自律准则，并促进在企业内进行 AI 治理的部署，如图 2.2 所示。

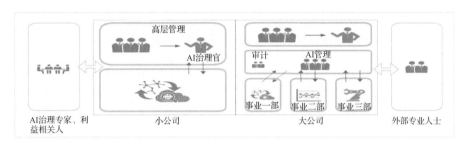

图 2.2　日本 AI 行业自律流程

新加坡遵循"AI 决策可解释、透明与公平，人工智能系统应以人为本"的指导原则（见图 2.3），发布了"AI 治理示范框架""组织实施和自我评估指南""实施用例示范""AI 时代的工作设计指南"等一系列操作指引，帮助企业 AI 治理实践从原则走向实践落地。

图 2.3　新加坡 AI 治理的指导原则

2. 中国企业参与 AI 治理的建议

首先，中国企业需要融入国际 AI 治理，积极参与 AI 伦理治理相关政策论坛、标准组织和产业联盟，同时向国际合作平台贡献 AI 实践和案例。

其次，从国内 AI 治理的角度看，要加强基础理论研究和突破，提升 AI 安全可信程度和可解释性，并推动全产业共建 AI 治理并共担义务，各司其职。

关于 AI 治理相关的政策论坛、标准组织和产业联盟，参见图 2.4。图中右侧是欧盟层面的技术和标准相关组织及产业联盟，其中，ISO/IEC JCT1 联合工作组下属的"SC42 AI 工作组"讨论详细国际 AI 可信标准和 AI 用例应用；左侧是国际层面的相关联合国组织和一些产业组织，它们主要进行合作倡议和共识的倡导。在国际层面，可以更多地向国际合作平台贡献和借鉴 AI 的实践和案例。

AI 治理和技术发展相辅相成，但 AI 基础理论研究应该有更多投入，帮助提升 AI 的安全和可信程度，从而形成正向循环。AI 的治理和伦理目前已经成为学术界的热点，论文发表数量增长迅速，清华大学张钹院士也提出要发展"第三代人工智能"，强调 AI 的安全、可信和可靠。理解新的 AI 理论和研究方向，能够帮助增强 AI 的公平性和可信程度。

AI 的公平、无歧视等各种要求，都属于对 AI 全产业链治理的要求。从算力层到算法层，再到数据层、应用层、解决方案的集成，部署者和运营者都会面对很多不同层面的治理诉求，消费者和客户也有数据合法授权和防止数据滥用的技术诉求，因此，整个 AI 的治理应该是全产业共建共担、各司其职的治理模式，这样才能把全产业的治理水平提高。

华为也在积极提倡分层或多层治理的框架（见图 2.5），通过多层治理，希望不同类别的企业能够分享自己的治理实践，同类别的企业就可以进行快速借鉴，找到最佳的实践，帮助整个 AI 全产业的治理能够更快地提升到更好的水平。

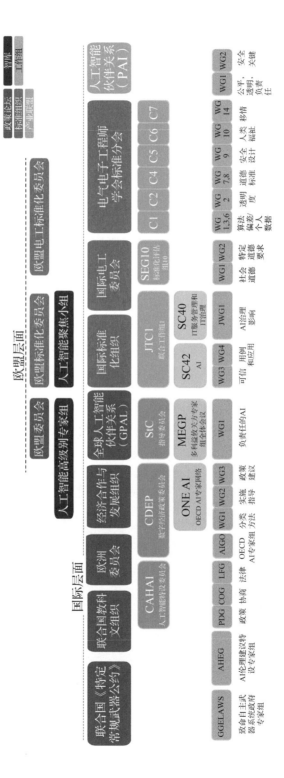

图 2.4 全球 AI 治理相关的政策论坛、标准组织和产业联盟

图 2.5 AI 分层治理框架

2.2.2 人工智能与数据治理

杨强，加拿大工程院及加拿大皇家科学院两院院士，微众银行首席 AI 官，香港科技大学计算机科学与工程系讲席教授、原系主任，AAAI 2021 大会主席，国际人工智能联合会（IJCAI）理事会原主席，香港人工智能与机器人学会（HKSAIR）理事长，智能投研技术联盟（ITL）和开放群岛开源社区（OI）主席，*ACM Transactions on Intelligent Systems and Technology* 和 *IEEE Transactions on BIG DATA* 创始主编，AAAI/ACM/IEEE/AAAS/CAAI 等多个国际国内学会会士（Fellow）。他领衔全球迁移学习和联邦学习研究及应用，著作包括《迁移学习》《联邦学习》《隐私计算》和《联邦学习实战》等。

当前，AI 进步的几个主力方向有算法、算力和数据。算法的例子有深度学习、强化学习等，芯片架构则属于算力，而数据在 AI 中的作用，就像汽油或者电池在汽车中的作用。

人工智能其实很单纯，复杂的是人。所以，应该把 AI 公平性的焦点放在"人工"上。在数学层面上，公平性是优化目标。不管是深度学习网络开发，还是强化学习的系统设计，首先要有一个优化目标，即专家学者先有对于"目标"的意愿。然后 AI 工程师将其转化成附带各种约束条件的数学公式。不幸的是，目前并没有一个好的、自动学习的机器，可以作为我们自动学习、优化目标的工具。

或许机器学习可以作为学习优化目标的工具，但某种意义上优化目标是不可能被学习的，因为在学习优化目标的基础之上，还存在一个隐含的主宰者，以决定一个更高层的优化目标。而该主宰者的优化目标由另外一个主宰者定义。这既是一个哲学问题，也是一个可计算的深奥数学问题。

1. 公平是变量，受到时空因素的影响

是否可以通过"机器学习的多任务型"，以及机器学习的各种算法来解决这个问题呢？我认为可以部分解决。

但还有一个不幸的消息：公平性是变量。社会在发展，古代谈到的公平性和现代公平性，意义完全不一样；今天的公平性和明天的公平性也可能是两个概念。另外，地区不同，公平性的含义也不同。世界存在严重的割据，每一个地方形成一个"联邦"，具有其独特的地域公平性，而不是全球的公平性。

上文提到"人工智能其实很单纯，复杂的是人"。这里的"人"是指一群人。因此，族群不同，公平性也有不同的含义。我们不能说一个族群就好过另一个族群。从个人研究的角度，我们讨论的焦点应该集中于数据集的可获得性，以及算法收益分配的公平性。

如果把这个焦点放到具体的目标上，我们希望数据能够被确权。用户带着手机，经过一天的活动，手机已经收集到一些数据。这些数据对用户个人来说可能完全没有意义，但对手机厂商等公司非常有价值，它隐含着用户的兴趣。所以，数据所有权的归属非常重要，这并不是加入一个区块链或采用其他简单方式能够解决的。

解决难的原因在于：数据一旦出手，被复制、传输、运用之后，用户就失去了控制权。所以，从价值角度看，数据像"石油"。不过两者有一个巨大的区别：石油不可复制。

2. 联邦学习让数据可用不可见

数据的隐私是另外一个维度。隐私的保护、隐私的公平性，为我们做数据分析提供了一个新的数据约束。我们希望数据的交易并不是数据本身的交易，而是数据价值的交易，因此需要"数据交易所"，此场所的交易方式并不是一手交钱，一手交光盘（数据），而应该是数据价值交易、合作交易。

另外我要提出一个新的概念：抵抗数据的"马太效应"。小数据和大数据之间有重要区别，量的大小只是其中之一，最重要的是"能够做的事情大小"。大数据会产生大模型、大模型会产生更有效的服务，更有效的服务会吸引更多的人参加，更多的人参加会产生更多的数据，"马太效应"由此产生。由此也可以推导出：小数据会消失，大数据会产生垄断。

有什么办法能够抵抗马太效应呢？从法律和政治层面，政府可以出台反垄断法。但是，如果从技术角度出发，是否可能设计出一种新的技术模式？我认为，"联邦生态"包含了反马太效应和反垄断技术。

就"联邦学习"而言，数据分散于各地，拥有数据的主体分散，并且异构，属于"数据孤岛"，能否有效地聚合起来形成大数据？目前，聚合过程变得越来越困难，原因之一是法律的规制，例如"激进"的欧盟《通用数据保护条例》（General Data Protection Regulation，GDPR）。研究发现，我国法律也是趋严的，相关法律越来越严格、适用范围越来越广泛。

如图 2.6 所示，蓝色代表的是欧盟、美国数据监管法规的进展，绿色和红色代表的是中国的法规出台进程。1995—2021 年，我国的法规越来越成熟、越来越全面、越来越多、出台节奏越来越密集。其中，《信息安全技术 个人信息安全规范》（简称"个人信息安全规范"）、《中华人民共和国数据安全法》（简称"数据安全法"）和《中华人民共和国个人信息保护法》（简称"个人信息保护法"）等，其用意都是保护用户隐私。

这类法规的要求与隐私计算的总体方向相似。具体到细节，隐私计算分三个主流"门派"（见图 2.7）：其一是"武当派"——联邦学习，专门为机器学习而设计，特点是数据不出库、不影响模型准确率、建模样本不受限制，以及开源、可验证。其二是从 20 世纪 70 年代开始发展的"少林派"——安全多方计算，虽然在数学上非常严格，但它在应对动辄上万亿参数的大规模模型时，往往不能保证效率。其特点是数据出库、无法保证

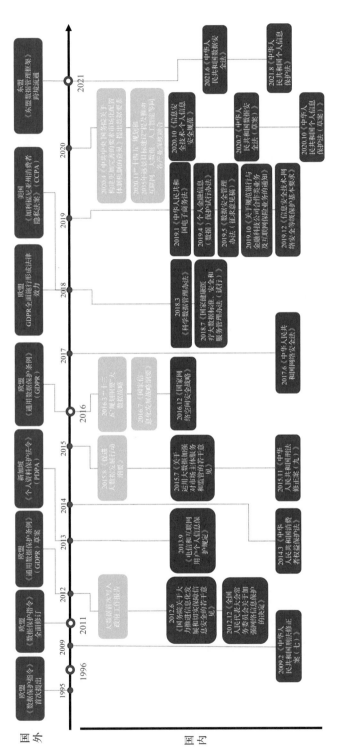

图 2.6 国内外的数据监管法律法规趋严

模型准确率、闭源且不具有可验证性。其三是"华山派",主打硬件设施,例如安全屋、可信计算环境,其特点是数据出库、无法保证模型准确率,受建模样本上限限制,且依赖第三方无法验证。目前"华山派"由英特尔等国外厂商占主流,国内在这方面的芯片发展水平还有待提高。三个主流类别之外,还有同态加密、隐私信息检索、零知识证明和去标识化 K 匿名算法。

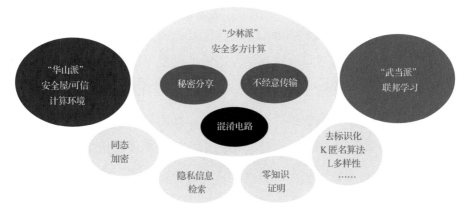

图 2.7　隐私计算技术的三大流派

隐私计算技术在 2018 年以前主要是安全多方计算,但从 2018 年开始,"联邦学习"(Federated Learning)就进入了公众的视野。联邦学习的主要思想是"数据可用不可见",其做法就是:各方好比不同的草料厂,大家都提供草料,但只在自己厂区范围内提供草料,羊走动到各个不同厂区吃草从而得到成长。与此类似,联邦学习模型在加密参数传递的过程中,不断变得更加强大。

目前,联邦学习领域也存在交叉:在安全合规层面和法律法规密切相关;在防御攻击这方面,需要经济学、博弈论的参与。因为不能假设每一个参与者都是"好人",也许是半个好人,也许是恶人,也许是半个恶人。如何能够应对这样的情形,需要研究者持续研究。

联邦学习算法效率如何呢？安全多方计算"明文计算"耗时长1万倍，联邦学习原先比明文计算耗时长100倍，但通过软硬件架构的改进，现在差距已经可以缩小到50倍，剩下这50倍还要靠各方面研究者的努力。

联邦学习中的"联盟机制"就是来设计一个好的经济学模型，使得不同的数据拥有者（数据孤岛）能够通过合理选择，加入收益最大的联盟。分配较为公平的联盟，它的规模就会增大；私心较重的联盟，它的规模就会缩小，优胜劣汰，好的生态会留下。

如果两个机构有不同的联邦学习系统，是否可以形成一个更大范围的联邦学习系统，如何让异构联邦学习系统进行沟通？现在已经有企业实现了异构联邦学习系统的互联互通。这意味着联邦学习可以打破以往单一平台的限制，不同企业可以基于通用的标准实现数据交流，各方参与者可利用的数据池变大，可以进一步释放数据价值，加速行业数字化升级。

联邦学习和通用人工智能是怎样的关系？我们和香港中文大学的徐扬生院士，以及时任深圳市人工智能与机器人研究院执行院长李世鹏教授合作了一个项目：在联邦学习中，一部分合作方是计算机，另一部分合作方是机器人。我们设想机器人是真人，由"人"和计算机联邦，可以让计算机逐渐学会人的偏好。这也是"能够让计算机学会像人一样"的第一步的尝试，非常成功。

总之，人工智能公平性的一个重要方面是数据的可获得性和数据的可使用性。这方面联邦学习一个更大的目标是实现"数据可用不可见"，其特征是：隐私保护、权益保障以及确权。其中，确权和权益保障需要借助经济学的应用来达成。

2.2.3　法律如何保障 AI 应用的公平性

申卫星，清华大学法学院教授、智能法治研究院院长，主要研究领域为民法学和计算法学，兼任教育部法学教学指导委员会委员、中国法学会常务理事、中国法学会网络与信息法学研究会副会长、中国国际经济贸易仲裁委员会仲裁员，同时担任工信部、交通部、卫健委等部门的法律顾问，中国人工智能产业发展联盟第一届专家委员会委员，在《中国社会科学》《法学研究》《中国法学》等学术期刊发表论文 90 余篇，参与"物权法""民法典""数据安全法""个人信息保护法"等的立法起草、论证工作，主持国家重点研发项目"热点案件和民生案件审判智能辅助技术研究"、国家社科基金重大项目"互联网经济的法治保障研究"、科技部战略规划项目"人工智能重大立法问题研究"。

法律和科技之间的关系是双向的：一方面，科技进步需要修改既有法律，为科技创新创造良好的环境；另一方面，技术是一把双刃剑，可以带来算法歧视和个人信息与隐私保护等方面一系列的法律问题。

对于 AI 公平性的问题，套用著名法学家、哈佛大学法学院原院长罗斯科·庞德教授的一句话：问一个法学家什么是"公平"，就如同问一个哲学家什么是真理一样，难以回答。并不是法学家和哲学家对此问题无能为力，而是该概念很难给出一言以蔽之的定义。

1. 公平很难定义，却可以描述

公平的概念是抽象的、发展的。所谓抽象的公平，是指每个人对公平的理解不一样。所谓发展的公平，是指随着时代的发展，人们对公平的理解也在发生变化。改革开放初期投机倒把行为被认定是犯罪，但之后"投机倒把罪"则被废止。

法律一定是把公平作为最优先的发展目标。但（一个社会）在解决问题的时候，不能简单地诉诸公平，或者不能仅仅诉诸公平。

公平很难定义，却可以描述。我们也能够感受到什么是公平、什么是不公平。什么是公平？公平是一个世界性的难题。一代代先哲先贤，包括哲学家、政治学家和法学家都做出了诸多研究，给出了许多原则。例如，同样的事情，同样处理；不同的事情，就应该不同处理。

具体到人工智能所引发的法律问题，不同问题伴随着不同的风险，不同风险带来的结果不一。但公众普遍希望的是起跑线一致，强调的更多是形式公平、机会公平和程序上的公平，忽略了结果公平。而法律既要解决形式公平、机会公平和程序公平，还要实现形式公平和实质（结果）公平的合一。

在法律中，"公平"这个字眼无处不在，从"民法典"第 6 条中的"公平原则"到"行政许可法"中的公平，再到教育公平、医疗公平，都体现出公平的理念。真正的公平需要具备一个重要条件——不论结果怎么样，都是当事人自我决定、自愿的结果，那么自我决定、自我负责就构成了公平性非常重要的前提。这对 AI 的治理非常重要，在个人信息和数据采集、对信息进行加工应用的场景下，个人的同意就构成了非常重要的前提。用户是否同意，直接影响了形式上的公平性。

2. AI 应用中的不公平问题

对 AI 公平性的质疑，最早是由美国的替代性制裁目标惩教犯管理画像系统（Correctional Offender Management Profiling for Alternative Sanctions，COMPAS）引发的。当时，公众对人工智能计算量刑的方式产生了争议。这种量刑是基于既往的数据对未来的量刑进行预测。但由于时代不同，有的时候是严刑峻法的时代，有的时候是宽松的时代，所以既往的量刑数据本身就存在"噪声"，由此得出的结论可能天然带有歧视，甚至出现针对某些人群的情况。

不公平也可能源于算法本身，例如"大数据杀熟"。不同的情况下定价不同是可以的，但没有任何差别的同一服务，不同顾客价格不同，这就出现了算法歧视，这种"大数据杀熟"显然有悖公平。

AI 不公平最直接的体现是偏见。例如，亚马逊曾有招聘自动化评级工具降低女性等级，美国医疗风险预测算法根据历史偏见给予黑人较高风险标记。这些事例也意味着 AI 的公平性受历史、评估、社会等因素影响。

公平的含义是非常丰富的，人们可以感受到什么不公平，也能想到如何来达成公平。对于公平，罗尔斯的正义理论提到了两点：一是平等的自由原则，二是消除结果上的不平等以达到正义。

因此，在人工智能的公平规制中，首先有一个基本的假设，那就是假设每个用户都是理性人，在人工智能企业采集用户数据的时候，用户可以自我决定是否允许他人采集，并且自我决定、自我负责。

这种公平是形式上的平等，尊重当事人自主自治的意愿，前提是平台和用户都是平等的民事主体，权利和能力都相同。如果平台要使用用户的数据，必须建立在用户知情同意的基础上，用户不仅知情同意，而且还可以了解数据的用途和去向，对某些信息的错误可以更改，对不利的信息可以删除，甚至可以撤回自己授权的数据。然而现实中，在这种形式平等的背后，存在很强的实质上的不平等。

用户和企业这两种角色不仅经济上不平等，在信息的掌握上也处于不平等的地位。大量的 App 在使用的时候会出现"知情同意"的选项，也就是让用户选择是否接受的格式条款。过去，对知情同意格式条款的要求主要是"告知要充分"。但现在的知情同意不是充分告知，而是过量告知。一份知情同意格式条款的内容，至少上千字，甚至可能上万字。其中大量的信息让消费者无力应对，只好选择同意，否则只能退出。这种情况看似形式公平，但实质上却造成了格式条款对用户自我决定权的剥夺。

3. 法律为追求 AI 公平采取的治理方式

那么如何实现形式公平和实质公平的平衡呢？就格式条款而言，格式条款在生活中获得了普遍应用。《民法典》第 496 条规定，平台单方制定的格式条款中，要对涉及当事人权利义务的内容进行提示。如果提供格式条款的一方没有提示，则视为该条款没有纳入协议当中。并且对于一些不合理的条款，即便用户同意了，法律也可以进行效力控制，宣布该条款无效。当对条款理解不一致的时候，要对其做出不利于条款制定者的解释，以此达到形式上的公平和实质上的公平。

AI 公平的核心是对个人信息利用的治理，涉及数据治理、场景规范、算法治理三个方面。当前法律法规也是围绕这三个方面出台政策，例如《在线旅游经营服务管理暂行规定》中第 15 条"在线旅游经营者不得滥用大数据分析等技术手段，基于旅游者消费记录、旅游偏好等设置不公平的交易条件，侵犯旅游者合法权益。"就明确了以上三个要素：消费记录属于数据内容，在线旅游属于场景规范，大数据分析等技术属于算法。

在 AI 数据治理过程中，还要贯彻自治和管制之间的平衡。一方面要尊重用户的知情权，让用户在充分知情的情况下自主自愿地做出决定，这才符合公平的原则。另一方面，因为地位的不平等、信息的不对称，当局在市场手段失灵的时候要出现，这种出现其实有助于通过管制的方式让当事人的自治得到充分的体现，而不是消灭自治。

对于自治的管制，其实是在想办法如何实现 AI 治理的公平。管制的方式，存在以下三种情形。

1）对格式条款的控制。这种控制很重要，因为平台具有经济和信息方面的优势，可以逼迫用户要么签字、要么离开，不签字就不能够往下进行。

2）数据治理。让数据降噪，例如美国 COMPAS 对刑期的预测，其本身数据存在问题，得出的结论也必然影响公平。

3）对算法的规制。要有具体的法律规定，要求算法的透明度和算法的可解释。如果数据治理和对算法的规制采用的是内部方式，则需要外部方式的介入，要求有第三方的评估、监测和相应的审计制度，通过第三方的功能来实现市场的平衡。AI 替代了很多人工，但不能彻底替代人类，要善用人工的介入。例如，利用人类对人工智能结果进行复检，对自动化决策的一方进行复议。所有人工智能的产品，只能作为辅助决策的工具，不能完全替代人类进行决策。

从数据治理角度看，告知应当采用详尽的、清晰易懂的语言，而且要告知处理者的身份、联系方式、处理的目的、处理的方式等。这些要求法律都有具体、明确的规定，以此保障当事人权益得以实现。很多方面要强化同意，例如敏感信息的收集和处理，以及已经收集的信息，再单独弹窗，让消费者接受，否则都会视为在形式上欠缺正当性的基础。

"个人信息保护法"也提到了处理敏感信息和利用个人信息进行自动化决策，以及向第三方提供信息或委托他人处理等情形，必须进行风险评估。

就风险评估而言，在"个人信息保护法"中也有所谓合规审计，即通过市场的力量公布一些企业在合规方面的表现，发挥市场淘汰功能。

　　我国对 AI 治理的规范涵盖法律、法规和部门规章，个人建议未来应该对它们进行统合，形成统一的立法。法律界专家也在讨论是专项立法还是综合立法，个人建议在时机成熟的时候推出综合立法，这样可以增强立法者的信心，也利于产业的发展。在这个过程中，既要考虑对个人数据的保护，也要考虑保护和创新之间如何形成平衡。

2.3　主题对话：AI 公平性的现状和趋势

对话嘉宾：

段小琴，华为公司终端 BG AI 与智慧全场景技术规划负责人

杨强，微众银行首席 AI 官，香港科技大学计算机科学与工程系讲席教授

申卫星，清华大学法学院院长、教授

王小川，未来论坛理事，搜狗前 CEO

王小川任十三届全国政协委员、工信部通信科学技术委员会委员、

九三学社中央促进技术创新工作委员会主任、清华大学计算机学科顾问委员会委员、清华大学天工智能计算研究院联席院长。他在 1994 年用吴文俊消元法，首次在微型机环境下完成初等几何命题的全部证明；1996 年获得第 8 届国际信息学奥林匹克竞赛（IOI）金牌，之后毕业于清华大学计算机科学与技术专业，拥有工学学士、工学硕士，以及 EMBA 学位。

山世光，未来论坛青年理事会 2021 联席主席中科院计算所研究员，中科视拓（北京）联合创始人

山世光现任中科院智能信息处理重点实验室常务副主任，研究领域为计算机视觉、模式识别和机器学习，已在国内外学术刊物和会议上发表论文 300 余篇，其中 CCF A 类期刊或会议论文 100 余篇，论文谷歌学术引用 23000 余次。其研究成果获 2005 年度国家科技进步二等奖、2015 年度国家自然科学二等奖。他带领团队研发的人脸识别技术已应用于公安部门、华为等众多产品或系统中，取得了良好的经济和社会效益；曾应邀担任过十余次领域主流国际会议的领域主席，任多个国际学术刊物的编委；获国家

自然科学基金委员会优秀青年科学基金项目资助，入选国家"万人计划"，曾获 CCF 青年科学家奖、腾讯科学探索奖。

2.3.1 技术提升公平性，根源在于"人心"

王小川：一方面，人工智能的高度发展对公平性的提升是有利的。今天的人工智能发展丰富了供给侧。当供给不足时，少数人会去垄断服务和收益，使社会资源分配不均的可能性变大。

另外，从前人们很容易陷入局部矛盾——每个人都发现问题，但很难形成共识，类似盲人摸象，看到的是局部。在大数据时代，人类有机会在全局层面抽出主要矛盾，形成整个社会的共识，公平的问题也有机会得到更多的讨论。所以互联网发展、信息发展和 AI 发展带来新挑战的同时，也对公平性有利。

另一方面，人工智能时代也会有新的问题。在机器的判断越来越准确之后，如何定义公平这方面的矛盾更加突出。机器变精准之后，公平的评价体系也会发生变化。例如无人驾驶，虽然机器能够进行精确判断，但发生了交通事故后，如何做出价值判断？

此外，人工智能产业规模变大之后会产生"马太效应"，资源更加集中，被少数公司或者是少数人垄断。尤其是供给变多之后，少数人在金字塔尖上，虽然人少，但形成的社会影响和伦理问题会很大。

山世光：AI 的公平性问题本质上不在于技术本身，而是来自人心，其本源是社会的公平性。尽管如此，作为 AI 从业者，一定要牢记于心：我们所开发的 AI 既可能被用来促进社会公平和消除歧视，也有可能被滥用。AI 从业者可能在无意中做了坏事，成了帮凶。

AI 公平性问题的解决是分层、分阶段的。从技术角度来说，需要在 AI

系统"成型"之路的各个环节、各个阶段进行分析和审视，以阻断可能的"偏见"引入。更重要的是，AI 从业者需要关注和理解该问题的社会学、法学视角，反过来社会学界和法学界也需要关注和理解该问题的技术视角。AI 公平性问题的最终解决不仅仅依赖技术的进步，更依赖技术专家和社会学家两个群体的顺畅沟通和深度对话。

申卫星：AI 为促进程序公平和实质公平带来了更多的机会。英国法学家理查德·萨斯坎德提到过"在线法院和司法的未来"，他表达了一个理念：过去人们认为法院是一个场所，传统的法院诉讼会带来很多成本，包括聘请律师、聚集观众。在线诉讼可以降低司法成本，使得正义的可及性提高，也使得整个社会可以在节省更多成本和能源的情况下，实现普惠的司法正义。

杨强：技术是有两面性的，AI 也不例外。对于 AI 伦理，监管会起作用。一方面，监管使得社会的公平性大为提升，使得那些不规范的现象得到抑制；另一方面，如果刻意监管，可能导致滞后效应。如何合理地实施监管和鼓励创新？首先要积累经验，允许 AI 技术百花齐放，这样可以积累数据，然后进一步讨论合规、公平等概念。

监管为技术的发展提供了进一步优化而非限制的目标。技术人员应该与时俱进，不要因监管的规范望而却步，而是要进一步提升能力。不论 AI 技术如何发展，有一个趋势不可忽略，就是数据的规模越大、来源越多，AI 的公平性就只会提升、不会降低。

在过去，农民对公平性的诉求是"耕者有其田"，当代的诉求应该是"智者有其数"——人工智能的行业工作者都能享受到数据红利。

2.3.2 公平是动态概念，多重因素决定评估标准

王小川：如何界定公平性是一个特别大的话题，公平性在不同历史时期是不一样的，甚至在不同的意识形态下也不同。

公平性背后的问题非常复杂，对公平性的理解，法律学者、技术学者有相当不同的视角。法律、经济、政治等各个领域的人士有诸多思考。西方有西方的定义，很多地方可以借鉴，但我国也有自己的判断标准。

媒体对 AI 有很多渲染、夸张的成分，这导致人们讨论 AI 风险和伦理的时候，加入了大量的个人想象力。

山世光：AI 公平性问题本质上是社会公平性和歧视的问题，是社会人脑中的公平或歧视映射到 AI 算法和系统设计及应用的全流程中。流程涉及的各方面，都可能会有意或无意地引入 AI 公平性的问题。流程大概可以分为如下 5 个阶段。

1）在 AI 产品的需求调研阶段，很容易因为产品的目标用户群体设定不周全而引入潜在的歧视风险。

2）在产品或系统的总体设计或详细设计阶段，系统设计者也会有意或无意地引入可能的类似偏见。

3）在 AI 算法（特别是深度学习）的设计阶段，如果设计目标函数的时候没有考虑公平性，或者没有施加目标人群多样性等约束条件，就会在算法优化目标设定上埋下又一粒不公平和歧视的种子。

4）对于 AI 算法性能评估阶段来说，当前 AI 算法的评估，考虑的主要还是在既有数据上的正确性和准确度等，忽视了公平性、多样性等避免歧视和偏见的指标。

5）AI 产品或系统实际应用部署或上线阶段，是否会引入带来有偏见后果的因素，在于部署者、运营者对于 AI 算法的认知。

总之，在算法和系统设计应用的全流程中，所涉及的每个人都可能有意或无意地引入偏见，埋下不公平的种子。正因为如此，每个 AI 从业者都要时刻提醒自己，避免将偏见带入 AI 中。

杨强：关于预测和决策的公平性和风险的题目，或许永远没有答案。

预测的准确与否，取决于多重因素，如工程师的水平、算法的设计，等等。而预测本身是做参谋，如果"参谋部"没有把全部信息告诉"指挥官"，风险自然就来了；如果"参谋部"预测准确度很低，同样会使"指挥官"不满。

技术人员的成长方向应该"借鉴"对抗学习，这种 AI 训练方式存在一个发起人，还需要一个鉴别者，起到判别与监管的作用。这两个系统的交互最后达到平衡的时候，就既能保证满足约束，又能保证准确度最高。

2.3.3 技术"偏见"为中性，解决方案基于社会语境

王小川：技术中的"偏见"其实是中性的词，可以类比经济学中的"价格歧视"一词理解。其实，讨论偏见问题要在社会语境下进行。

举个美国大学生助学贷款的例子。名校学生毕业之后找工作还贷更容易，而普通学校或是二三流学校毕业生的还款能力有可能很差。这种情况下，名校的学生贷款利率会更低，普通学校学生的贷款利率会更高，这就产生了不公平性。名校和普通学校的贷款利率不一样，意味着真正还款困难的人为还款容易的人买单，又存在差异。这时，联邦政府要求停止贷款歧视，即名校和普通学校的贷款利率不能个性化。而私立的贷款机构，只针对名校提供更低的利率，如对常青藤学校学生提供低息贷款。

这导致的局面是：名校的学生没有必要申请利率较高的政府贷款，转而申请利率更低的民间贷款。而普通学校的学生不得不申请政府贷款，却没有名校学生的还款能力，往往处于入不敷出的状态。因此，这个很典型的案例反映出：看似公平的政策，往往在社会实践中无法达成目的。

对公平的讨论往往伴随着"相同"，在哲学层面讨论到底哪个是相同的、哪个是不同的。这里的"同"是指：需求是否相同、贡献是否相同，应该是按需分配还是按劳分配。如果大家相同，那就按照需求分配，不考虑回报；如果是按劳分配，每个人是不同的，有些人得到的服务好、有些人得到的服务差，

又缺乏普惠意义上的公平性。因此，选择"同"或"不同"，是按"需"还是按"劳"的问题，是今天在数据问题、隐私问题之外，依然面临的社会性问题。

段小琴：针对 AI 如何帮助解决不公平的问题，可以从以下两个维度探讨。

第一，AI 应用的角度。AI 应用能够帮助公平分配，例如普惠教育及普惠医疗，这些都是能够让更多的人参与享受数字红利，反映了多元包容，体现了科技的温度。

第二，AI 技术的角度。AI 有可能去帮助识别人类社会现有的偏见。人类对公平的判断带有主观性，不同的人对公平有不同的理解，即便是同一个人，在不同的时期对公平做出的判断也是不一样的。但如果通过算法来进行决策，至少逻辑是一致的，不管决策结果是否公平，AI 算法能够提升决策过程的一致性，进而有可能推动世界朝公平方向发展。此外，通过 AI 技术，可以判断输入数据和预测结果之间的关系，揭示现有流程中可能存在的偏差，减少偏见的影响。

王小川：AI 可以在某种程度上打破"资源的稀缺性"。有了 AI 的强复制能力，更多的人能够获得优质的服务。例如在教育、医疗领域，一旦机器能够把顶尖的资源快速复制，就会对弱势群体、偏远地区起到非常好的效果。

但风险也会并存，当 AI 更多地参与人类的决策和判断，用 AI 来进行资源分配时，如果资源充足人人可获，问题就不会显现；但如果资源不足，AI 资源分配有可能会误伤普适价值。

2.3.4 技术标准和光同尘，AI 现实求同存异

山世光：中国和世界既有共性，又有差异。中国的独特历史、文化特点，在很大程度上决定了问题的特殊性。在 AI 技术应用层面，中国和西方也有差异，这种差异不能简单地以对错评判。以人脸识别技术为例，我国大量部署了人脸识别系统，提高了公共安全领域、金融支付领域的效率。但在西方，

欧美通过严格的立法，大大地约束了 AI 应用。其中对错，无法一言以蔽之。

"仓廪实而知礼节""经济基础决定上层建筑"，中国的经济发展至今，人们对公平性的理解也在悄然发生着变化，对公平性和效率问题的认识也在不断演变。例如，之前社会缺乏对特殊人群的关注，而现在国家和社会开始加强这方面的关注。随着中国经济的发展，让人人受益于社会进步带来的福祉是必然的。

公平和效率如何平衡？我认为应该尽快但平稳、有序地从过去更关注效率，过渡到把公平性的约束条件引入目标函数设定中，此过程不能一蹴而就。技术人员自身也必须要在理念上有所转变，要从过去更关注效率转变为更多地考虑技术的社会价值属性。当越来越多的技术人员具备了社会公平意识的时候，公平和效率之间的平衡也会逐渐变好，从而可以更好地配合社会学家、法学家解决公平和效率的平衡问题。

杨强：普适和普惠是深入中国人骨子里的意识，共同富裕是中国特色的本质要求。

在技术方面，中国不逊于国外。以迁移学习为例，它一开始是小众领域，现在已经有很多分支。在联邦学习领域，虽说最开始是谷歌推出了针对安卓系统的"数据联邦"，引领着研究方向，但我们已经将其拓展到企业生态，称之为"纵向联邦"，有了全面的理论框架，同时引领了国际标准。另外，AUTOML 虽然也由谷歌提出，但中国企业扩展了它商业化的版图。

以上三个例子都说明中国有能力在技术领域引领世界。接下来我有三个期望。第一个是"关注"，关注人工智能，比如其可解释性、伦理、法律等方面。第二个是"参与"，一定要参与到国际讨论当中，发出我们自己的声音。第三个是"引领"，有信心去引领一个重要的方向。

申卫星：中国的 AI 相关立法进入了关键时期，按照规划：2020 年在局部形成相对完善的法规，2025 年具有很强的管控能力。现在来看，在信息技术方面，我们在某种意义上已经具备领跑能力。但在数据治理和 AI 治理方面，与发达国家还有一定差距，我们应该尽快抢占立法的制高点。核心是我们要在相关方面有系统的立法，不仅能够推动行业的发展，也能给投资者增添信心。目前的现实情形可以从以下三个角度来思考。

第一，AI 相关立法最大的困难在于妥善解决安全和发展的矛盾，即如何在推动数据的流通和利用的基础上加强对个人隐私的保护，达到一定的平衡。其实，数据确权是第一难关，我提倡数据的所有权归属于用户，因为用户是数据产生的源发者。尽管平台投入了大量的资本、技术和劳动力，但并不能成为所有权者。平台可以享有用益权，既能够保证数据支配，又不妨碍数据的再产生和利用。

第二，解铃还须系铃人。解决信息技术引发的问题，还需要从技术本身着手。特别是隐私计算，包括联邦学习、可信计算、同态加密等新技术的使用，有利于解决安全与发展的矛盾。

第三，需要将自律和他律相结合。他律是指利用法律的方式进行规制，即通过一些强行的规定，包括对个人使用条款的控制、第三方的评估、审计等，甚至通过惩罚性的赔偿，促使企业产生他律的需求，甚至促使企业进行自律。真正的自律是以伦理教育为基础，企业在技术开发的同时也进行伦理上的宣传。未来的立法应该有三驾马车：技术、法律和伦理。技术是根本，法律是保障，伦理是社会基础。

段小琴：AI 标准的制定和一般的通信标准不太一样，通信领域是先有标准，后有产品，最后产生互联互通。但就 AI 的标准制定而言，个人认为更多的是先有实践，再从实践中提炼出标准。从公平性的角度来看，目前企业界在公平性评估上做了很多努力，开发了很多工具，进行了很多实践。其中，工具主要有以下 4 个方向。

1）分析数据集形态和质量的工具。能够让开发者、工程师清楚地看到他们用于训练的数据的特征分布，比如性别、年龄等，至少要满足统计学意义的分布合理，从而帮助减少潜在的偏见。

2）分析算法模型公平性的工具。开发者可以上传模型，一些工具可以对模型的公平性进行评估，甚至对模型不公平的方面进行纠偏或者做一些优化。

3）帮助开发者进行探索，以更好理解模型的工具。建模者可以对一些数据点进行编辑，改变数据点的规模，通过观察数据点的变化，对模型结果进行一些预测，这样才能得知哪些数据要素对结果的预测具有决定性的作用。

4）公平性约束下的训练工具。有些算法训练的框架包含了公平性约束条件，采用这种算法框架训练出的算法满足统计学意义上的公平，包括人口的分布、机会的均等等。

企业界已经有很多工具，目前标准制定的方向应该是：把企业界已有的工具及其所实现功能抽象出来，融入国际标准中。这也是我国接下来在 AI 治理工具领域的探索趋势。

第3章

AI 与风险治理

3.1 导语

漆远

未来论坛青年理事，复旦大学浩清特聘教授、博士生导师及人工智能创

新与产业研究院院长

在一本探索人类风险管理的优秀著作《与天为敌》中，作者彼得·伯恩斯坦认为，在自然面前人类并非只有逆来顺受，而是通过理解风险的本质、衡量风险的大小、评估风险的后果，将冒险活动转化为推动西方社会进步的主要力量之一。如同普罗米修斯，与天为敌，在黑暗中寻觅亮光。而依靠那一缕亮光，人类得以将未来从难以对付的敌手转变为可以把握的机会，发展经济，改善生活。对待风险治理始终存在观点冲突的两派：一派相信，最好的决策必须基于量化与数据，根据过往事实反映的规律来制定；另一派认为，最好的决策必须更依赖对不确定未来的主观判断。风险管理究竟是科学还是艺术？

随着人工智能的快速发展，基于人工智能的风险管理极大地促进了包括电商、社交媒体、智能城市、智慧制造、普惠金融等领域的创新发展。AI 大大强化了数据处理和建立量化模型的能力，降低了交易和服务里的风险。不过，人工智能本身也有可能会带来隐私泄露和安全方面的风险，带来一系列包括算法公平性在内的社会挑战。某种意义上，今天基于大数据的人工智能和风险治理的关系折射甚至放大了上述两种风险治理思路之间的不同。德国著名社会学家乌尔里希·贝克在其风险社会理论中指出现代社会是风险社会，社会公平性的一个体现就是人们应该有公平承受风险的能力。我们需要审视人工智能发展与风险治理：一方面需要减少 AI 对法律和社会视角的忽略，在 AI 风险管理中加强人文思考；另一方面，需要提升 AI 自身的可信、安全和伦理水平，使人工智能变得更加可信、可靠、可解释，减少算法偏见，改进风险公平性。

为此，未来论坛"AI 与风险治理"研讨会组委会邀请人工智能、法律、人类学专家学者与科技企业代表，一同探讨 AI 为社会提升效率的同时，如何对其风险进行识别、预防、管理，以及风险发生后的定责及处理，从而形成良好的 AI 风险治理模式。本次研讨会嘉宾来自文科与理科等不同领域，文科学者从社会学、人类学、法律和历史的角度，探索风险管理的社会性与公平性，理科专家则剖析 AI 相关硬件、软件和数据方面代表性的风险与安全问题。在讨论环节，针对量化与主观判断结合能否提升 AI 的可解释性，引入价值观判断是否有利于 AI 的公平性，几位专家思维深度碰撞，深具意义。大家认为，"可信 AI"是数字经济的重要基石，已经成为数字经济安全领域里的一个关键命题。四位研究人员及其主题分享简介如下。

北京师范大学法学院教授汪庆华从分析自动驾驶面临的伦理困境、个人隐私与个人信息保护难题出发，倡导现有立法应当给整个产业划定底线和红线，但同时产业政策应当提供促进发展的空间。

华东师范大学人类学研究所教授黄剑波应用社会学和人类学分析风险及管理，提出风险的存在和感知本质上是人的问题。一定的风险意识是人类自我保护的方式。对于风险的认识与处理永远在路上，只存在更好、更可靠的方案，没有根除全部风险的检测方案。因此，AI 以及相应新技术的发展绝非洪水猛兽，但是也绝非解决人类问题的根本方案。

百度副总裁马杰从 AI 算力、算法和数据三要素出发，提出相对应的系统安全、模型安全以及数据安全与隐私保护三方面问题，提供了分析 AI 安全的三个维度："security"问题，即强对抗环境下的威胁与对抗；"safety"问题，是指非对抗环境下（没有人为故意破坏）会出现的安全问题；"privacy"问题，就是数据安全和隐私保护的问题。

西安交通大学电子与信息学部教授沈超依照 AI 系统中的信息传递方向，从输入到数据处理，到模型及应用，再到 AI 的测试，全面深入分析多种具有代表性的安全风险。如传感器芯片、"系统共性"的识别算法错误判断，数据标注过程放大偏见，样本代表性不足导致模型训练结果偏差，非"开源黑箱系统"歧视，数据降维的风险隐患，深度学习平台共享模型的风险，决策模型或者 AI 模型中样本出现在分立面的边界导致的风险，等等。

自 2016 年起，为了更好地分析和处理金融风险，我蚂蚁集团布局"可信 AI"相关技术研究。为打造金融行业智能化的重要基础设施，我们主导研发了蚂蚁集团的高性能强安全隐私计算平台、图机器学习系统及智能风险感知与响应系统，提出可信 AI 的四个核心问题：数据隐私保护、博弈对抗与鲁棒性、可解释性及因果、公平性。第一个问题就是如何在保护数据的隐私和提取数据背后的价值之间取得平衡。第二个问题聚焦算法鲁棒性、人工智能可靠性。基于大数据的人工智能迅猛发展，但假如遇到了既有数据之外的新情况，这个系统可能变得非常脆弱：如果人工智能为我们做大量的预测和决策，怎么能够保证决策的可靠性；如果有恶意数据攻击，如何防止人工智能算法被误导。第三个问题是因为 AI 正在代替人类决策，可解释 AI 任重而道远。在一些高风险领域，可解释性尤其重要，例如金融场景、医疗场景。可解释性也是多层次的：对数据特征的解释，即某个特征对结果的影响程度以及偏见；对参数的解释，尤其是在参数上亿的情况下；对模型结果的解释，使模型的结果让人理解。人工智能系统作为一个黑盒子，大家希望它能够白盒化，可以被解释，甚至可以分析其背后的因果关系；但面临复杂的系统这是非常有挑战性的（如果不是不可能的话），我们需要保持敬畏之心。第四个问题可以理解为算法道德，怎么能够避免因为数据和模型而产生偏见，保证 AI 公平。

AI 是价值与风险共存的双刃剑。基于深度学习，超越深度学习，把知识推理能力和基于数据的深度学习能力结合起来，是人工智能发展的大方向，是增强 AI 风险控制能力的路径。AI 的能力越大，责任越大，把倡导社会公平正义的价值观和机器智能结合起来，是科技从业者的社会责任。我们相信，AI 的可信、可靠、可解释会越来越重要，成为关键的技术方向。我们希望，这次关于 AI 与风险的讨论，可以为人工智能下一步的关键方向——可信 AI——提供多元角度与洞见。我们也期待，通过融合基于数据的机器学习与可解释的知识推理，可信 AI 也许可以成为一座联通的桥梁，把风险管理发展过程中形成的数据量化派与主观判断派链接起来，让人类社会可以更好地面对和处理风险，既规避风险带来的损失，同时也抓住风险内含的发展机遇。

3.2 主题分享

风险的广泛覆盖性使得风险预防不得不考虑所有的利益相关者。然而，由于风险预防本身对传统规制方式带来的挑战，企业、政府与个人存在履责难题，如何整合、修正与改善既有的风险信息规制方式，需要被重新分析与审视。

"AI 与风险治理"的专题研讨，邀请 AI、法律、人类学专家学者与自动驾驶和金融科技企业代表，一同探讨在 AI 为社会提升效率的同时，如何对其风险进行识别、预防、管理，以及风险发生后的定责及处理，从而形成良好的 AI 风险治理模式。

主持嘉宾：

漆远，未来论坛青年理事，复旦大学浩清特聘教授、博士生导师及人工智能创新与产业研究院院长

主题分享：

"自动驾驶中的技术、风险与法律"——汪庆华，北京师范大学法学院教授、博士生导师，数字经济与法律研究中心主任

"（AI）风险的事实、幻象与感知"——黄剑波，华东师范大学人类学研究所教授

"道阻且长，行则将至——进入深水区的 AI 安全与企业实践"——马杰，百度副总裁

"AI 系统安全风险分析"——沈超，西安交通大学电子与信息学部教授，网络空间安全学院副院长

3.2.1　自动驾驶中的技术、风险与法律

汪庆华，北京师范大学法学院教授、博士生导师、数字经济与法律研究中心主任。北京大学法学本科、硕士、博士，哈佛大学法学硕士。他曾任《北大法律评论》主编，耶鲁大学中国法中心访问学者，牛津大学奥利尔学院访问学者，哥伦比亚大学中国法研究中心访问学者；曾多次前往欧洲、美国等地参加国际学术会议，进行学术考察和交流；曾任中国政法大学教授、宪法学研究所副所长、大数据和人工智能法律研究中心创始主任；主要学术兴趣为宪法行政法、法律社会学、美国法、大数据和人工智能法。

随着人工智能技术的兴起，自动驾驶领域有了长足的进步。行业内普遍认同将自动驾驶分为 6 级：L0—L5。目前技术已经触及 L2 级别，商业化的应用正如火如荼；L3、L4 正在测试与实验阶段。

　　法律中存在一个著名的道德难题——电车困境："一个疯子把五个无辜的人绑在电车轨道上。一辆失控的电车朝他们驶来，并且片刻后就要碾压到他们。你可以拉一个拉杆，让电车开到另一条轨道上。然而问题在于，那个疯子在另一个电车轨道上也绑了一个人。考虑以上状况，你是否应拉拉杆？"

　　如何解决电车困境？伦理意义上存在不同的方案，从康德"每一个人都是他自身的目的"角度看该问题没有答案。因为每一个人的生命都是宝贵的，无法牺牲一个人的生命来拯救更多的生命。从功利主义角度，选择的方向就是牺牲少数人；从公平的角度，那就通过掷骰子来随机决定这趟列车驶向何方。

　　较之个人控制，AI 决策是重要的前置性问题，它面临着一个道德困境：应该输入什么样的价值？标准是康德主义的哲学，即每一个人的生命都是宝贵的？还是功利主义的选择，即拯救更多的生命？抑或是随机决定？自动驾驶汽车的关键之处是：人类把汽车操控的决定权交给了人工智能，而人类却在担忧自由意志会逐渐丧失。人类确实要对自动驾驶有全新的理解，它已经不是传统意义上的汽车，交通工具只是其中一个功能。

　　自动驾驶是 AI 的综合体，一辆自动驾驶汽车可能配有成百上千个甚至更多的传感器。另外，它已经打破了诸多传统，例如汽车空间不再隐私，自动驾驶汽车要求车内所有信息同步更新到软件上，从而用这些数据训练算法，得到 AI 决策的精准性。

　　关于自动驾驶面临的个人隐私、个人信息保护难题，目前各国已经着手相关立法工作，例如我国国家互联网信息办公室的《汽车数据安全管理若干规定（征求意见稿）》规定：驾驶人能够随时、方便地终止收集（信息）。

　　除了伦理和隐私方面的挑战，自动驾驶也为传统的侵权责任划分带来了一些新的课题。现有的交通法律制度建立在驾驶人责任的基础之上，无论法律制度采取过失责任、过错责任，还是无过错责任，都以驾驶人的行为作为法律规制的对象。

因此，驾驶人如果想在法律上免责，必须确保履行自己的注意义务。鉴于汽车事故后果的严重性，国家在立法上也会适当采取无过错责任，即无论驾驶者是否有过错，他对所发生的交通事故都要承担责任，而这并不能达到提高驾驶员注意程度的目的。

所以，如果驾驶员想要免责，只能减少自己的行为，通过减少开车的行为、减少出行的次数，以降低发生事故的概率。

自动驾驶汽车运行时，对汽车的操控由人和 AI 共同完成，目前的技术条件是辅助自动驾驶，人类仍要对行车进行监管。技术发展到有条件的自动驾驶，以至于完全自动驾驶阶段，人类对于车辆的控制要逐步让渡于算法。这时，自动驾驶在法律上就会面临其他新的问题。现有立法应当给整个产业划定底线和红线，但同时产业政策应当提供促进发展的空间。

3.2.2 （AI）风险的事实、幻象与感知

　　黄剑波，重庆彭水人，现任华东师范大学人类学研究所教授，研究兴趣包括宗教人类学、西南及西北民族地区研究、社会边缘群体研究等。其主要作品有《人类学家及其理论生成》（2021）、《乡村社区的信仰、政治与生活》（2012）等。他长期致力于对中国社会和文化的经验性观察和认识，并在学科基础理论探索及学术共同体的构建上多有投入，近年来主要关注当代中国社会中宗教及类宗教的修与修行实践，力图在宗教研究、人类学研究及中国研究的不同维度上有所思考和推进。

　　面对人工智能，我们有两种态度：第一种是乐观主义式全面拥抱，把AI看作技术革命，将其视为对人类或者人性的解放，因为它带来了诸多便利，能够做到人类无法做到的事情，超越了人类纯粹的理性思维能力。这时，AI遵循一种"人性＋"的路径。第二种是否定，即AI威胁论、AI毁灭论。对人性而言，它是消极的，即便不是人性的毁灭，也是一种缩减。那么，是否存在其他理解和处理的方式与可能？

　　风险不仅是一个现代性的问题，从社会学和人类学中，人类有可借鉴的研究或者洞见。例如，德国社会学家乌尔里希·贝克认为，风险社会是对现代社会的一种理解，风险是一种外在性的客观实存；在《风险社会学》一书中德国学者尼克拉斯·卢曼也对"风险"与"危险"进行了区分。人类学家玛丽·道格拉斯在"风险其实不仅仅是一个现代性的问题"背景下强调主观性感知，并提出观点：现代社会中人们之所以对风险存在感知非常强烈，是因为现代人越来越孤零零地面对庞大的外在世界，从而个体的微小和世界的庞大构成了极大的反差。

　　玛丽·道格拉斯思想的研究始于20世纪60年代，她在《洁净与危险》一书里讨论了"洁净"和"不洁"的问题。这不仅是现代卫生学问题，更反映一种社会结构，是一种思考和行动的过程。她认为对不洁的认识本身就源自对一种秩序和正当性的理解和认可。在 20 世纪 80 年代，玛丽·道格拉斯另一部作品《制度如何思考》提出了人类前提性的思考方式，批判现代人个体自主的幻象：当一个人做出自由的选择或者自由的决定时，其实并非是自由的。

20 世纪 80 年代、90 年代的风险研究指出，风险感知不仅是个人性的，更是社会性和群体性的，或是类别性的。从这个意义上讲，现代社会里的风险或许在数量上更多，在表达上更新颖，但这绝不意味着是技术发展或者新兴技术本身的问题，从根本上讲这是人自身的问题，是人的贪婪骄傲和黑暗的问题。那么，风险是否需要从根本上清除？其实"不洁"才是真正的现实，"洁净"只是理想。

风险的存在和感知本质上是人的问题。一定的风险意识是人类自我保护的方式。对于风险的认识与处理永远在路上，只存在更好、更可靠的方案，没有根除全部风险的方案。因此，AI 以及相应新技术的发展绝非洪水猛兽，但是也绝非解决人类问题的根本方案。

风险具有客观性，对于风险感知的认识也值得思考和处理。风险不仅是现代性问题，更是一种人类或人性问题，涉及人对世界以及自己生活方式的基本认识和理解，至少与对更好的生活或者秩序的向往或者努力相关。风险感知是一个不断调试、朝向更善的过程。人类对风险主观性的承认并非风险管理或风险治理，相反，承认风险的主观性有助于深化对技术产生的风险的认知，形成更好的解决方案。

能力越大，责任越大，"德"与"位"应当一致。技术发展和社会发展，都不能例外。

3.2.3 道阻且长，行则将至——进入深水区的 AI 安全与 企业实践

马杰，百度副总裁，整体负责百度安全部、智能云物联网部、ARM 云服务业务；反病毒与网络安全专家，中国网络空间安全协会副理事长、亚洲反病毒研究者组织（AVAR）理事，2015 年加入百度；曾任瑞星公司研发总经理，主持开发了覆盖数亿个人与数万家企业的安全产品，后受邀加入创新工场，担任技术总监，并成为第一任 EIR[①]；2011 年创立国内首个基于 SaaS 的云安全服务品牌"安全宝"，"安全宝"于 2015 年被百度收购。

AI 已经进入大生产时代，成为社会的大潮流，并深入生活的方方面面。AI 的三要素包括算力、算法和数据，相对应地需要考虑系统安全、算法和模型安全，以及数据安全与隐私保护这三方面的问题。系统安全即从传统

---

① EIR 指驻场准创业者（Entrepreneur in Residence）。

网络安全视角看整个 AI 软硬件系统的安全，例如 AI 系统的漏洞问题，这
是 AI 安全性的前提。同时，AI 作为一项新兴技术，作为其核心的算法和模
型也会面临全新类型的安全问题，例如模型鲁棒性、可解释性方面的问题
等。此外，数据作为 AI 时代最重要的生产要素之一，是 AI 发展的催化剂，
AI 的数据安全和隐私问题也备受国家和民众关注，很多问题涉及数据安全
和隐私。

2021 年，百度于业内率先提出了 AI 安全三大研究维度 Security、
Safety、Privacy，如图 3.1 所示。Security 针对强对抗环境下的安全威胁，
不仅包括传统攻防范畴中的各种漏洞、病毒，也包括 AI 模型攻防，利用对
抗样本，可以让计算机视觉产生错觉，形成"无中生有""凭空消失"的假
象，还可以篡改识别的信息，这都有可能造成问题。

图 3.1　AI 安全研究三维度

Safety 对应非对抗环境下的安全威胁，更加关注人身安全等自然环境
下的真实威胁场景。AI 大生产时代，AI 模型被广泛应用在包括自动驾驶在
内的各种各样的场合，诸多安全威胁并非人为破坏，而是由诸如光照、天
气等环境因素的变化所导致。此外，Safety 不仅是针对模型鲁棒性的研究，
还包括 AI 模型不可解释性、复杂场景安全验证等等，需要我们重新考量 AI

时代的安全维度，更体系化地研究整体情况。

在 AI Safety 方面，百度长期投入自动驾驶技术的研究，也已经将多种安全技术应用到自动驾驶系统中，力保 AI 系统在各种场景下的安全与稳定。

在图 3.2 中，左上角这张图描述了夜晚光线昏暗的环境对机器视觉识别的影响，图中车辆、交通灯都没有被识别出来，我们可以通过对抗训练完成识别，见右上角图。而左下角图中路边有摩托车和行人，这张照片被加入了人为制造的对抗噪声，但经过对抗训练，可以重新把所有的人和车正确地标识出来，如右下角图所示。这些问题是由 AI 引入的新问题，可以通过进一步的对抗训练有效提升目标识别模型的鲁棒性。

图 3.2 自动驾驶场景安全测试

再比如，我们将模糊测试理念用于自动驾驶场景，通过自动驾驶 3D 仿真模拟，包含静态场景环境与可编程调整的动态环境，把所有可能的情况逐一枚举，尝试逼近现实中各种复杂驾驶场景（见图 3.3），以检验自动驾驶的决策系统是否可以做到安全，以此提升整个决策的安全性。

图 3.3　利用自动驾驶仿真模拟，自动化搭建接近现实的复杂驾驶场景

AI 还可能存在其他问题，如 AI 本身被用于伪造照片和视频，也叫深度伪造，这是 AI 能力增强之后带来的新问题。以前给人"换脸"的方式是复杂的修图，而用现代 AI 技术实现不仅快速甚至实时，连眨眼的表情与姿态都几乎能做到严丝合缝。对于这种问题，可以通过人工智能的各种算法，检测换脸的过程所留下的各种各样的痕迹（如皮肤的纹理、颜色、分辨率等），防范它所带来的风险。

Privacy 对应的数据安全问题也非常重要。大数据时代存在很多数据安全问题，企业界也有各种各样的解决方法。比如通过机密计算技术，在多种可信执行环境中运行，既能提供很好的计算能力，同时又可以解决在数据处理和交换过程中的安全和隐私问题。

此外，机器学习框架本身也可能存在问题。比如现在普遍都用 TensorFlow、PyTorch 等框架进行机器学习的训练，在这些机器学习的平台中，各框架平台提供方也都在努力提供各种各样方式解决可能的问题，让机器学习全流程中的数据安全和隐私受到保护。

不管是智能音箱，还是朝着普及发展的自动驾驶，都将给生活带来巨大的便利，我们必然也会面临新技术中新的安全性问题，但是新的安全性问题又会催生新的技术解决方案，最终人类获得技术的进步和整个工作生活环境的提升。

3.2.4　AI 系统安全风险分析

　　沈超，西安交通大学教授、博士生导师，网络空间安全学院副院长，获国家自然科学基金委员会优秀青年科学基金项目资助，阿里巴巴达摩院青橙奖获得者、《麻省理工科技评论》"35 岁以下科技创新 35 人"中国入选者。他目前主要从事可信人工智能、智能系统控制和安全、智能软件系统安全与测试、电力系统安全方面的研究工作，承担国家自然科学基金重点项目、国家重点研发计划课题、863 计划课题等项目 30 余项。

　　沈超在人工智能、网络安全、软件工程领域顶级国际期刊和会议发表论文 100 余篇，获得 IJCAI-DCM 等国内外学术会议 8 次最佳 / 优秀论文奖励，授权与申请国内外专利 30 余项，获省部级科学技术奖一等奖 1 项、二等奖 2 项，获教育部霍英东青年教师奖一等奖，主持研制了多个重要系统并应用于多个大型企事业单位；担任 *IEEE Transactions on Dependable Secure Computing*、*IEEE Transactions on Cybernetics*（CCF A 类）等 9 个国际期刊的副编辑或编委，以及 ACM CCS（CCF A 类）等 20 余个国内外学术会议的组织委员会成员或程序委员会成员。

AI 可以提升安全能力，但其本身也可能存在安全风险。目前 AI 的动力源自数据和算法（模型），可能存在的隐患和风险也来自这两个方面。

AI 系统中从输入到数据处理，到模型和应用，再到 AI 的测试，都涉及信息流动的过程。比如在输入阶段，传感器芯片就面临安全风险：所有的传感器都是电子元器件，可以用定向输入输出的方法，对传感器进行干扰。无人系统（如无人飞机）就面临这样的问题，可以通过对陀螺仪定向干扰来影响其行为。这可以粗略划分为数据方面的隐患与风险。

AI 在技术层面还存在"系统共性"的问题，很多识别算法会发生错误判断，比如信贷公司可能存在信用评级的问题：男性与女性的银行贷款额度可能会存在差距，招聘的简历筛选通过率也可能有所区别，从而导致不公平。这种不公平的根源，很大程度上也是训练数据集的问题。

拥有平衡的数据集是研究者的"理想"，但这个理想很难实现。通过数据增强的办法可以补足数据差额来平衡数据集，但是问题在于，数据增强基于原数据集，其获得的数据分布仍与原始数据分布一致，这样的数据集并不能代表"自然界"，用其训练可能会产生一定的偏见。在数据标注过程中，由于标识数量非常大，可能会再次放大偏见，有偏见就会导致不公平。此外，从模型训练阶段到应用落地的过程中，由于 AI（主要是深度学习）模型的黑盒性质，系统行为不透明，容易导致社会隐患。

在模型训练时，如果样本代表性不足，该模型得到的结果一定存在偏差，如何发现"非开源黑箱系统"的歧视？具体而言，在决策系统不了解目标时，可以通过训练替代模型，例如影子模型，针对用户的自身权益提供评估并为开发者修复系统中可能存在的风险提供参考。

数据处理过程中也可能存在一些问题。例如，图片分类或目标检测场景主要有四类问题：分类，识别，检测，推动。这些问题可通过具体模型解决。在当前的拍摄系统中，原始照片通常分辨率很高，"1204×768"属于较低分辨率。但大部分开源图像模型会对原始照片进行预处理，压缩之后再分类、识别。

在处理灰度图时，模型通常会把中间黑的部分用最简单的预处理方法移除掉，形成约"229×229"像素大小的图片，这意味着在分类后弃置了97%的像素点，因此存在比较大的安全风险。

同样，在语音处理中，一般选择用手机采集语音，原样本的采样率通常为96 kHz 或 100 kHz，通过降采样会处理成 8 kHz 或 16 kHz，采样的"数据降维"过程中存在风险隐患。攻击者会利用这样的风险，欺骗多媒体系统或智能系统。

一位英国艺术家詹姆斯·布赖德尔做了一个很有趣的自动驾驶汽车实验。用盐在地上画两个圈——内圈是实线，外圈是虚线，两个圈距离较近。一辆自动驾驶汽车从远处穿过外圈开进内圈，这是交通规则允许的。但是它要从内圈开到外圈就会受到首先识别的实线的阻挡，因而被困在内圈，如图 3.4 所示。这意味着，在特定环境以及一定的规则之下，自动驾驶系统面临着算法逻辑漏洞风险。

学术界对模型层面的风险分析关注度很高。很多深度学习平台是公开的，可共享使用。但使用它们可能存在一定的风险，因为公开的模型可能存在后门。同时，模型后门检测有很多限制条件，比如"模型触发问题"。

图 3.4 被盐圈困住的自动驾驶汽车

如图 3.5 所示，现在模型的触发方法比较简单：通过后门配置，在训练时把后门图片放进去，完成训练模型之后，"碰到"这样的输入就会引发特定的输出。此外，存在一些新的方法，例如把后门的植入方法放在原始数据层面，就可以看到图形的修改，然后把后门放到"特征提取网络"里，这不会导致对原始照片的任何锁定，因此隐藏性更强、更难发现，也会产生较大风险。

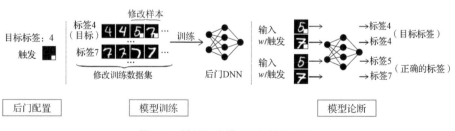

图 3.5 神经网络模型后门植入方法

人也是不稳定因素。代码主要由人完成，所以对于 AI 平台或深度学习平台而言，从底层的 CPU、GPU 到中间的框架，人类大量参与编程的过程中都可能会存在风险和隐患。

在自动驾驶的具体实验中，一些具体参数的变化会使自动驾驶汽车表现出一定的差异。在当前的决策模型或 AI 模型中，如果有一些样本出现在分立面的边界上，若该模型没有见过此样本，可能会做出错误的反应。在训练层面，深度学习训练要增加很多成本。以重新训练作为解决方案，无法解决根本问题，也是对资源和时间的巨大浪费。

3.3 主题对话：AI 是把双刃剑，风险和价值 "皆在场"

对话嘉宾：

漆远，未来论坛青年理事，复旦大学特聘教授，蚂蚁集团前首席 AI 科学家

汪庆华，北京师范大学法学院教授、博士生导师，数字经济与法律研究中心主任

黄剑波，华东师范大学人类学研究所教授

马杰，百度副总裁

沈超，西安交通大学电子与信息学部教授，网络空间安全学院副院长

3.3.1 风险不只是概率，也具有社会维度

黄剑波：风险的根源是人类。第一，技术力量越大，被操纵后的破坏力也越大，热兵器时代的伤害要远远大于冷兵器时代。第二，我们现在对 AI 技术具有高度依赖性，看起来越稳定的系统，崩塌以后的后果越严重。

马杰：技术人员要对人类、技术本身保有敬畏心。作为技术人员，我坚信技术能给社会带来福利。自汽车诞生起，它逐渐战胜了落后的马车，发展至今已成为人类重要的交通工具，带来了极大的价值。未来，没有马车夫的马车（自动驾驶汽车）也会带来很大的价值。价值是推动技术发展的逻辑，否则技术不会凭空出现。

在谈论 AI 风险时也要关注它的收益，从风险收益比上讲，技术带来的收益远远大于它可能带来的风险。早期容易看到风险，长线容易看到收益，在解决问题过程中要保持敬畏心。

沈超：AI 带来了新风险，但不能刻意放大风险。AI 是一把双刃剑，使生活变得更加简单、高效的同时，新技术的引入必然会带来新问题。但事物的发展规律是一致的，随着时间的推移，AI 的风险会像其他广泛应用的技术那样逐渐降低。

黄剑波：风险不仅仅是数学上的概率计算问题。看待风险有两种思路：其一，风险能够做概率计算时，人类符合"理性经济人"假设；其二，在社会环境下考虑风险时，人类不仅是理性的，还是个体的，拥有自决权、自主权。同时在各种社会制度环境下，人类以为是自主决定，其实是广义制度做了决定。因此，不能只从数学上看待风险，还要回到社会维度甚至人类的认知或人性的维度。

汪庆华：如何在新技术引进时防止系统性风险的发生呢？在 AI 时代，风险的性质发生了实质性的变化。在传统社会甚至工业社会中，风险可能是偶发性的，比如自然灾害。在后工业时代，贝克提出了风险社会的概念，风险具有了社会维度。

借助 AI 决策可以降低风险发生的概率。在交通领域，事故发生的原因多数来自驾驶人员疲劳驾驶、不遵守交通规则。自动驾驶场景下，这类事故可能不会发生。新技术的发展部分降低了风险和事故率，但要关注系统性风险，这种风险本质上是技术问题，需要在引入技术时，着重考虑。

马杰：风险总体的概率可以计算，但是对于具体的安全问题，风险不可计算。在现代社会体系下，大的风险不会被允许进入到生产和使用环节。所谓风险，其实就是意外，本质上是由人造成的，在具体问题中很难被预测。

沈超：风险是某种特定的危险或者意外事件发生的可能性。由于机器学习本身是一种数据分析的方法，用到多个模型，其中存在大量不确定的问题。从技术角度来看，所谓的风险、意外事件的发生，在有足够数据量的前提下可以算出概率值。风险在有数据支持的情况下可以测量，属于经济学角度；但从人文角度看，风险随机性较强，很多小概率事件可能变成现实。安全事件一旦发生，就会带来很大的危害。

漆远：风险估算一般包含两个方面：一个是风险发生的概率，另一个是风险的后果，两者的乘积就是风险的估计。如果风险概率不容易刻画，可以考虑贝叶斯机器学习里的非参数化方法，实质是在概率上面再加一层概率。学习"知道的不确定性"相对容易，但学习一个非参数模型达到良好的效果很难。从人文视角看，对未知保持谦恭是一种敬畏之心。在新的领域里数据和知识比较少，在这种情况下，要充分敬畏未知。

沈超：人文知识和机器原理的融合是解决思路。AI系统在行业中的应用可以通过数据堆模型实现，数据充足且真实就可以实现。但如今在对抗性的环境下存在着数据是否可信的问题。2015年之后"对抗性数据"开始出现，因此，将对机器的研究与关于人类的知识相结合显得尤为重要。把人文知识和数据结合到一起以表达和描述业务系统，是解决现实中不确定性问题的希望。

马杰：AI非常复杂，现在还无法将其边界探索清楚，其中的规则也无法枚举。但是存在这样的可能性：未来，可以用计算机的算力"暴力"探索所有的路径和可能性。例如基于黑盒（或灰盒）的测试技术——Fuzzing

技术，把天气、驾驶、光线、意外出现的障碍物等各种复杂的情况放在一起，探索现实中永远不可能发生、未来某种极端情况下就可能出现的小概率事件。在这种情况下，如果有计算及预先的推演方式，也许可以避免极小概率的事故。

因此，当人们清晰理解事情的边界之后，可以通过算法和算力进行更有效的探索。这一天将会到来，但不会太快。

漆远：传统风控系统基于专家知识和经验，系统风险的控制取决于知识积累的数量和质量。而深度学习算法，无论是深度神经网络（Deep Neural Networks，DNN）还是 Transformer，某种角度而言都是一个记忆体，预测效果取决于训练数据。那如何在缺乏训练样本时，产生较好的预测呢？可以通过智能自攻击方法产生更多的数据样本。另外一种方法是利用人类的知识，弥补训练数据不能覆盖的"极端"情况。

人类非常擅长推理，但是推理对于机器深度学习是个挑战。基于深度学习，又超越深度学习，把知识推理能力和基于数据的深度学习能力结合起来，可能是人工智能发展的大方向，也是增强 AI 风险控制能力的路径。

黄剑波：AI 从业者应当思考如何将数据开发、建模和理解人类知识更好地结合起来。抛弃错误的知识，提炼、表达正确的知识，可以"借鉴"人文、社科领域。因此，数据公司应当有意识地更多接纳人文、社科的学生或学者。

汪庆华：人类是有限理性的动物，许多复杂场景无法预测，这些场景也许允许人类不完全理性和计算机完全理性的结合存在，这是科技发展带给我们的前所未有的空间。未来，人类的情感甚至情绪、语言和知识，与数据、模型、算力相结合，会形成人类新的知识形态。

3.3.2 AI 的能力越大，责任越大

汪庆华：自动驾驶目前处于辅助驾驶阶段，基本上沿用传统的侵权责任规则模式——以驾驶人为中心。在假设场景中，驾驶员是否及时接管了汽车非常重要，如果在应该接管时没有接管，可能要负最主要的责任。

目前法律界有几点共识：一是在目前的技术条件下以驾驶人为中心；二是汽车制造商会逐渐承担一定的责任。目前，除了传统意义上的产品责任，汽车制造商可能还要承担一定的事故责任。当技术条件达到 L3、L4 阶段，汽车制造商承担的责任比例可能会更高。

如果人工智能算法部署层面出现问题，应该对设计人员还是 AI 本身追责？目前的共识是，AI 无法成为法律意义上的主体。同时，AI 发生事故，根源可能在于数据本身存在社会偏见。因此，不能把社会偏见带来的不利后果让具体的设计人员承担。

自动驾驶技术一旦从 L2 阶段跃升到 L3 阶段，是否意味着进入强人工智能阶段？毕竟自动驾驶辅助和完全自动驾驶是两个完全不同的概念，虽然离真正的完全自动化还有一段路程，但从业者要有前瞻性，需要用战略眼光看待技术上的挑战。

马杰：目前 AI 的发展状态是弱人工智能，在相对封闭的环境、单一的领域，有比较清晰的规则。强人工智能的实现还有很长的路要走。

国家制定法律的原则必然是鼓励技术的发展，未来一定会拥有完整的法律框架。但大型企业是否做好了准备？是否有足够的技术人员和法律资源重视合规？合规培训是否会成为小企业的业务负担？完备的法律只是一个框架，其背后蕴含着很多问题，但同时也会带来大量机会。

黄剑波：法律中责任归属的问题需要在权责适配的语境下考虑。能力（资源）越大，责任越大，无论是 AI 还是其他新技术都应该遵循这个原则。

人类会犯错，AI 的设计同样也会犯错。如果真的出现完美 AI，这一定是变革，不过是"人性 +"的进化，还是"人性 -"的退化，属于"界定"层面的挑战，目前的人类无法给出答案。

从科技回到人类社会，一个现实问题是：如何理解不完美、不够强壮的人。现代社会对于人的假定处在一种完美的状态：他有竞争能力，可以参与各种创造性工作。但问题在于，有缺陷的人存在于过去、现在以及未来。

"如何看待缺陷"这个问题的复杂度远超过技术问题。例如植物人和完全失去记忆的老年人，已经无法正确认知世界，我们该如何定义、处置和看待？他 / 她还是一个完整的人么？对这些问题的思考已经超过了 AI 的范畴，却更加值得探索。

漆远：AI 决策未来会把情感和价值观融合起来。20 多年前麻省理工学院媒体实验室在全世界首先开始了情感计算的研究，拉开了人工智能情感计算的序幕。用人工智能分析、理解情感，通过识别和理解人的情感和意图，让机器更加智能、更加人性化，这可能已经超出了计算本身。情感可以帮助人类快速做决策，大量节省计算资源。例如人类在野外看到一只老虎，情感 / 情绪的作用（本能）会让他迅速逃跑，而不是用慢思考能力进行分析、推理和计算。情感计算在过去 20 年有非常大的发展，将来更多的决策将会把情感和价值观的判断融合起来。

汪庆华：在中国的刑事犯罪当中，大概六分之一的刑事案件和醉驾有关。如果利用 AI 技术设置自动检测装置，当检测出驾驶员酒精含量超标时，就无法启动发动机，肯定会大幅度降低事故发生概率。

技术进一步发展，AI 将可能对社会公平做出巨大贡献。例如，当自动驾驶技术成熟，原本无法申请驾照的人也可以成为自动驾驶车辆的驾驶员和保有人。

沈超：AI 的风险可能来自数据、技术或 AI 系统层面的挑战，或来自安全的挑战。控制 AI 的风险，需要在这三个层面开展工作。

3.3.3 AI 正在代替人类决策，但可解释 AI 任重而道远

沈超：深度学习存在学习的不完备性、机器学习方法不具可解释性、机器学习方法的测评有待提升等缺陷，因此可解释的、可信的人工智能，还比较遥远。

尽管当前人工智能以深度学习为主要流派，但是深度学习本身面临如下的缺陷和挑战，很难克服。

1）学习的不完备性。深度学习需要大量可信的样本来驱动，但是现在对于可信样本的甄别技术还不够成熟。所以，问题由数据的可信性延伸到了学习的完备性，由于数据的不完备性，学习的完备难以保证。另外，鉴于 AI 应用领域非常广，很多领域的不确定性边界很难界定。

2）机器学习方法的不可解释性。大规模的训练模型和预训练模型数量必不可少，但是模型差异太大，很难用任何样本遍历出所有的路径，黑盒性质决定了机器学习具有不可解释性。

3）机器学习方法的测评问题。机器学习方法的测试类似于传统的系统测试方法：软件系统升级之前要进行测试，投入市场前要进行测试。评价智能的主要依据是性能，但还应该包括功能性、鲁棒性、可靠性、可用性，目前这些方面的测试方法才刚刚起步。

马杰：鲁棒性最大的意义在于让每一个模型明确其上界和下界。在自动驾驶领域，鲁棒性研究能够"看出"系统在各种各样干扰情况下的表现，例如为什么在非常好的光照环境下也会出现问题？目前，相关研究并不多，但非常重要，企业界也已经注意到。

对于可解释性问题，以"AlphaGo Zero"为例，它下围棋时，最初采用的招数非常"愚蠢"，但经过训练后出招非常精妙，甚至使出了人类没见

过的招数。这种"没见过"某种程度上能够扩展人类的思维。所以，可解释性确实非常重要，但是不是每件事情都需要可解释。

汪庆华：人工智能已经在很多领域代替人类做出决策，结果是人类必须直面算法带来的后果。法律规制也意识到了这一点，加大了对算法透明性的要求。可解释性也属于算法透明的一部分。

法律上如何定义 AI 可解释性，面向的群体是顶尖科学家还是一般专业人员，抑或是公众？目前，各国的立法并没有统一的回应，但规定可解释性的核心在于恢复人类对于事物的控制权，各个国家针对数据来源、算法的参数分别做出规定。是否采用开源模式，法学界、理论界一直有争议，因为顾虑别有用心的个人、组织危害社会。

加强法律约束不一定有利于初创企业的发展，合规要求越高，需要支付的成本越高。但事物总有两面性，初创企业在今天的合规投入，意味着未来的法律地位。如果企业在数据合规、个人隐私保护、个人信息处理这三个方面领先，未来也会转化为核心竞争力。同时，这也关乎企业的声誉，一旦形成良好声誉，将是不可取代的市场优势。

黄剑波：不存在绝对的可信、可靠、可解释的方案，这可能永远无法达到。但更加可信、更加可靠、可解释的方案，已经在路上了，虽然离最终目标还有距离，却也取得了诸多成就。我对该问题的态度是：总体上的乐观态度——谨慎的乐观、怀疑式的拥抱。

漆远：期待最好的结果，做好最坏的打算。真相一直在递进中、学习中被重新认识。没有最好的模型，只有比较好的模型。

AI 的可信、可靠、可解释会越来越重要，成为关键的技术方向。在一些高风险领域，可解释性尤其重要，例如金融场景、医疗场景。人类在思考分析，机器也在自动学习向前演进。如何能把人的知识和机器智能结合起来？做出更好的对抗智能、鲁棒智能是从业者努力的方向。

可解释性是多层次的：一是对数据特征的解释，即某个特征对结果的影响程度以及偏见；二是对参数的解释，尤其是上亿参数的情况下；三是对模型结果的解释，使模型的结果让人理解。可解释性是一个光明且有挑战的方向，需要进一步探索。

第4章

AI 决策的可靠性和可解释性

4.1 导语

崔鹏

未来论坛青年科学家，清华大学计算机系长聘副教授、博士生导师

　　当今，人工智能技术已经逐渐渗透到人们日常生活的各个环节中。从清晨唤醒人们的智能音箱，到天气预报、智能导航等出行软件，到信息搜索和远程会议等工作系统，再到餐馆和视频推荐等生活、休闲平台，都能或多或少看到人工智能技术的身影。这些领域很大程度上受到互联网经济"以产出为导向"思路的影响，对预测准确度和效率等性能指标的关注远大于对预测风险的关注。受此影响，人工智能技术也多以预测性能优化为主要目标，以性能驱动的模式进行技术演进。

　　展望未来十年至二十年人工智能的发展，我们预期人工智能技术应用将进入深水区，向医疗、工业生产、金融甚至军事等更多与人类社会生产生活密切相关的领域渗透。可以预见，人工智能技术必然在进一步释放社会生产力方面发挥驱动性作用，但这些领域都是风险敏感型领域，人工智能技术的错误将会给人类带来巨大损失，事关人类的生命健康、社会正义甚至国家安全等。因此人工智能技术的发展从以往的"性能驱动模式"向"风险敏感模式"转变，是必然要求。是否能够有效降低人工智能的系统性风险，实现安全可信的人工智能，一定程度上决定了人工智能应用的深度和广度。

　　毋庸置疑，当前的人工智能技术系统在安全可信层面还存在着许多隐患。虽然近些年深度学习在若干应用领域取得突破性进展，但其将"黑盒模型"发挥到极致，导致其本质上"不可解释"；对于独立同分布假设的过度依赖，导致真实场景下其性能"不稳定"；由于对数据中所存在虚假关联不能有效区分，导致其在社会性问题方面的预测决策"不公平"。诸如此类的问题如何解决，目前尚缺乏有效的理论体系与方法。

　　AI 技术是否可靠，人对于 AI 系统及其决策是否可理解、可掌控等一系列问题受到公众、学术界、企业界和政府部门越来越多的关注。如何使公众信任 AI 系统，如何使专家学者能够理解机器学习算法的过程和输出，如何帮助开发者确保 AI 系统按预期运行，如何建立可定义、可量化的监管标准，并以此对 AI 进行模型监视和问责，这些问题对于建立健康、高效、可持续发展的 AI 生态至关重要。

为此，未来论坛"AI 决策的可靠性和可解释性"研讨会组委会邀请了人工智能、社会学、公共管理等领域的学术界和企业界代表，试图从不同角度阐明公众、政策法规和 AI 技术从业者对 AI 可靠性的理解和需求，分享 AI 的可解释性、稳定性和鲁棒性、可回溯与可验证等方面的技术研究和解决方案，共同探讨实现可解释和可靠 AI 的可行路径。

研讨会上各位嘉宾进行了深入分享和讨论，本章就是由各位嘉宾的观点凝练而来。实现可靠、可解释的人工智能，需要人工智能理论方法、技术系统、行业应用，以及面向未来智能社会的规范伦理等多个层面相互协同。显然，目前可解释和可靠 AI 的实现之路尚不明晰，但我们希望研讨会的一些探讨能够为该领域更深入的思辨和研究起到抛砖引玉的作用。

4.2　主题分享

随着 AI 的发展和广泛应用，研究者和开发者面临的挑战是理解和追溯算法如何得出结果。可解释的 AI 可使人类用户和开发者能够理解和信任机器学习算法所产生的结果和输出。了解 AI 系统如何生成特定输出，可以帮助开发者确保系统按预期运行，建立可定义的监管标准，并以此对 AI 进行模型监视和问责，最终降低 AI 系统打造和运行的合规、法律、安全和声誉风险。

"AI 决策的可靠性和可解释性"专题研讨会邀请政策法规和 AI 技术研究与开发者对 AI 可解释性的理解和需求上的不同，分享 AI 可解释性、稳定性和鲁棒性、可回溯可验证三个方面的技术研究和解决方案，共同探讨实现 AI 可靠、可解释的道路。

主持嘉宾：

崔鹏，未来论坛青年科学家，清华大学计算机系长聘副教授、博士生导师

主题分享：

"从可解释 AI 到可理解 AI：基于算法治理的视角"——梁正，清华大学公共管理学院教授，清华大学人工智能国际治理研究院副院长

"人工智能：从'知其然'到'知其所以然'"——崔鹏，未来论坛青年科学家，清华大学计算机系长聘副教授、博士生导师

"可解释性博弈交互体系：对归因权重、鲁棒性、泛化性、视觉概念和美观性的统一"——张拳石，上海交通大学副教授

"AI 可靠性和可解释性：软件工程视角"——谢涛，未来论坛青年科学家，北京大学讲席教授

4.2.1　从可解释 AI 到可理解 AI：基于算法治理的视角

梁正，南开大学经济学博士，麻省理工学院富布莱特研究访问学者，现任清华大学公共管理学院教授、中国科技政策研究中心副主任、人工智能治理研究中心主任、人工智能国际治理研究院副院长、科技发展与治理研究中心学术委员会秘书长，兼任中国科学学与科技政策研究会常务理事，中国国际科学技术合作协会理事，主要研究方向为科技创新政策、研发全球化、标准与知识产权、新兴技术治理。

他在 *National Science Review*，*Journal of Informetrics*，*Industry and Corporate Change*，*Regional Studies* 等国内外学术期刊上发表论文超过 80 篇，曾担任国家创新调查制度咨询专家组专家（2014—2017），中美创新对话专家组专家（2015—2018），先后获第八届高等学校科学研究优秀成果一等奖，中国科学学与科技政策研究会优秀青年奖等多项奖励。

为什么要关注 AI 或者算法的可解释性？深度学习的"黑箱"特点一直被诟病，普通用户很难观察到数据训练的中间过程，导致 AI 处在"不可知"的状态。在高风险应用领域，算法可解释性是重要的应用依据。例如在金融行业，2017 年国际机构金融稳定委员会表示，金融部门对不透明模型（如深度学习）的广泛应用带来的可解释性和可审计性缺乏表示担忧，因为这些应用容易产生宏观层级的风险。

什么是算法的"可解释性"？西班牙学者亚历杭德罗·阿列塔等认为可解释性指的是针对特定用户，提供细节和原因使模型运转能够被简单、清晰地理解；国内部分学者认为可解释性是：针对智能决策受益者，以简单、清晰的方式，对智能决策过程的根据和原因进行解释，目标是将黑盒人工智能决策转化为可解释的决策推断，使用户理解和相信决策。在法律法规层面，欧盟《通用数据保护条例》（General Data Protection Regulation，GDPR）规定在自动化决策中用户有权获得决策解释，处理者应告知数据处理的逻辑、重要性，尤其是影响和后果。

AI 的可解释和可信任之间是正相关关系。可解释可以提高用户对 AI 的信任度，实现算法可解释是确保可信任的一个重要方面。

算法黑箱会带来各种风险，例如歧视偏见风险：面部识别应用程序将非裔美国人标记为大猩猩，将国会议员标记为刑事罪犯；人身安全风险：对小猪图像进行像素模糊，被 AI 辨认成飞机——这种脆弱性和不稳定性在自动驾驶场景中可能造成严重的安全问题。

另外，数字监控和数字化考核的存在，使资本不断侵蚀劳动自主性，把数字劳工的劳动强度推向极限，从而加剧了操纵与剥削问题；还有，信息推荐领域基于用户偏好进行信息投递，可能导致"信息茧房"问题，等等。

1. 算法治理的国际经验比较

上述问题和数据、算法相关，也和深度学习本身的特点相关。目前，各国已经在算法治理方面进行了不同的探索，存在一些共性和经验。

欧盟数据治理和算法治理的特点是自上而下制定规则，以透明和问责保证算法公平。其中，"透明"目的是确保 AI 决策的数据集、过程和结果的可追溯性，并确保决策结果可被人类理解和追踪；"问责"是建立问责机制和审计机制，并采取补救措施；同时欧盟数据治理赋予个体广泛的数据权利，例如 GDPR 规定了知情权、访问更正权、删除权、解释权等。

欧洲一些算法治理案例充分反映了透明、可解释的原则。例如 2021年 7 月 5 日，意大利数据保护机构 Garante 认定外卖平台 Deliveroo 违反 GDPR 上述原则，对其处以 290 万欧元罚款。原因是该平台用算法自动惩罚骑手：如果骑手的评分低于某一水平，在没有进行人工审查的情况下，就将他们排除在任务机会之外。

欧盟法规的未来发展方向，从近期出台的《数字服务法》《数字市场法》可见端倪：更倾向于强化法律责任制度，通过事后严格追责来保证在 AI 的设计和应用上是负责任的、可信的。具体措施如强制保险制度：法律上对 AI 损害的侵权判定不需要了解其技术细节，只需要认定侵害行为和损害之间的因果关系即可构成侵权。

美国与欧盟不同，其特点是采取自下而上、分散化、市场化的治理路径。联邦层面并未统一立法，而是采用市场化治理路径，自发形成约束机制；在州层面，倾向于出台本区域的治理规则。例如，纽约市最早出台算法问责法，针对政府使用的算法开展监管行动，目标是实现透明化和问责；加利福尼亚州制定的《加利福尼亚州消费者隐私保护法案》（California Consumer Privacy Act，CCPA）规定公民有权了解其个人数据的收集和使用情况，有权查阅个人数据和禁止个人数据销售。美国的一个相关案例是：Everalbum 公司在隐私条款中没有写明的情况下，将算法卖给执法机关和军方，涉嫌欺骗消费者，最终被美国联邦贸易委员会处罚。该处罚判定的标志性意义在于：不仅仅要求其删除数据，还要求删除非法取得的数据照片所训练出的人脸识别技术。

在私人主体方面，更多是企业和非政府组织参与治理，同时有部分行业组织进行算法问责工具、算法可解释方案的开发。就行业自律而言，谷歌、微软、脸书等企业成立了伦理委员会，并推动建立相关标准。

2. 我国对算法治理的路径探索

现阶段我国对算法治理路径的探索，已经初步形成了框架体系。在"软法"也即规范原则方面，科技部发布了《人工智能治理原则》，全国信息安全标准化技术委员会发布了《人工智能伦理安全风险防范指引》，多个部门也在相关领域出台针对平台企业或者针对某个特殊领域的数据管理、算法治理相关规章制度。与此同时，多部"硬法"也正在密集地研究制定和实施当中，例如已经实施的"电子商务法""网络安全法""数据安全法"和"个人信息保护法"等。

目前的问题在于：较之于欧美，我国现有的监管规则较分散，缺乏实施的细则和操作指引；在算法治理上，统一协调负责的监管机构还不明确。中央网信办在某种程度上起到牵头协调的作用，但在具体领域相关的职能部门要发挥更多作用。在企业界，中国部分企业开始建立内部治理机制，但整个行业自治机制尚不成熟，同时也缺乏外部监督。

借鉴国外的已有经验，未来算法治理的如下两大方向比较明确。

第一，算法可问责，明确算法责任主体。对于监管部门而言，相对于技术规制，更应该强调责任的划分，包括算法审计制度、安全认证制度，以及算法影响的评估制度。

第二，可解释性。技术上促进可解释 AI，制度上赋予个人要求解释的权利，进而反作用于算法的设计以达到公平合理的目标。

具体而言，中国目前在算法治理上的实践性探索集中在"个人信息保护法"中。体现在自动化决策场景中进行算法治理，包括明确提出对算法影响的评估，规定利用个人信息进行自动化决策须进行事前评估；算法审计，个人信息处理者应定期对个人信息处理活动遵守法律、行政法规的情况进行合规审计；向个体赋予权利，利用个人信息自动化决策，应保证决策的透明度和结果公平合理，即自动化决策方式做出对个人权益有重大影响的决定，个人有权要求个人信息处理者予以说明，有权拒绝个人信息处理者仅通过自动化决策的方式做出决定等。

目前，中央人民银行对金融应用领域的 AI 算法设立了评价规范，提出对算法可解释性要从全过程的角度提出基本要求、评价方法与判定标准等；人力资源和社会保障部在关于就业形态灵活化与劳动者权益保障方面，提出外卖平台在基本的业务模型设计上，应该对其制度规则和平台算法予以解释，并将结果公示或告知劳动者；中共中央宣传部对于加强网络推荐算法的内容监管，也提出了综合治理的要求。

因此，未来的算法治理基于可解释性和可靠性的方向较为明确。所谓"负责任的 AI"，它有两个基石：一是从技术角度去解决其因果机制的构建问题，二是从制度角度赋予个人和相关主体要求可解释的权利。

3. 算法治理的未来展望

未来，算法治理应该覆盖五方面。

第一，明确构建"负责任的 AI"的目标。

第二，对算法进行分领域、分级治理，确定治理优先级。目前聚焦于利用个人信息进行的自动化决策系统，未来应聚焦于涉及人身安全的高风险领域，包括自动驾驶、智慧医疗等。

第三，坚持安全、公平、透明和保护隐私等基本原则，实现负责任的 AI。算法的"黑箱"和复杂性不应成为"逃避"治理的借口。应当基于保护人类基本权利的角度设定底线原则，在算法性能与算法安全之间权衡，推动技术界"改良"算法。

第四，在算法治理中识别和区分规则问题和技术问题。算法问题不单纯是技术缺陷，也有人为因素。对于因人为设定规则产生的问题，需要对人进行约束，找到问责主体。对于技术缺陷，则应基于底线原则，建立评价标准或行为准则，约束技术开发。

第五，建立算法可解释性的评估指标和监管政策。对不同背景知识的用户，提供个性化定制和常识结合的智能决策可解释标准。将可解释 AI 纳入监管框架。目前针对 AI 可解释性的政策不完善，应研究全流程的监管政策，定期评估 AI 系统的生命周期和运转状态。还应明确 AI 解释的具体方式：公开模型，公开源代码，还是公开运算规则和权重因素。

4.2.2 人工智能：从"知其然"到"知其所以然"

崔鹏

未来论坛青年科学家，清华大学计算机系长聘副教授，

博士生导师

人工智能目前处在"知其然"但"不知其所以然"的状态，它的治理需要实现从知其然到知其所以然的跨越。如果说在之前的若干年，AI 的主要应用领域是互联网，那么展望今后十到二十年，AI 的应用可能会进入深水区，向医疗、司法、金融科技等领域进行渗透。这些领域的典型特点是风险敏感：AI 一旦犯错，就将酿成大错，比如医疗领域关乎生命安全问题，司法领域关乎司法正义问题。

1. 当前人工智能技术的局限

当前的 AI 最擅长解决"是什么"的问题，例如回答"这张脸是谁的""这个人是不是有某种疾病"和对弈等任务（见图 4.1）。

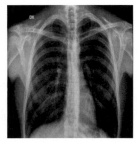

"是什么"问题 ✔

人脸识别　　　　　　　智慧医疗　　　　　　　博弈游戏

图 4.1 "是什么"问题的场景

当前的 AI 不擅长回答"为什么"的问题，例如算法为什么做出这样的预测或者决策（见图 4.2）。这种局限源于 AI 的学习模式无法处理人类提出的何时、如何等问题，同时人类也无法理解 AI 给出的决策或者建议。

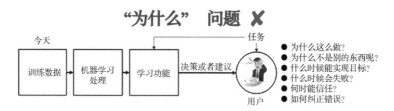

图 4.2　AI 解决"为什么"问题的流程

AI 黑箱模型的特点决定了人类无法解释其模型的预测，因此人机协同就无法实现。毕竟，任何两个主体之间要想协同，必须具备共同语言。如果人类无法理解机器的输出，机器不懂人类的输出，会出现"1+1=1"的困境——要么就全面相信机器，要么全面相信人类。在很多风险敏感型的领域，人类不可能完全信赖机器的决策。这种情况下，如果无法理解机器的输出，AI 技术就无法渗透到这些领域。

AI 风险的另一种表现是缺乏稳定性。当前主流 AI 方法的基本统计学假设是"独立同分布"，要求训练数据和测试数据在概率上保持同一分布，如果两个数据集概率分布存在偏差，那么模型的性能就无法保持稳定，如图 4.3 所示。而现实中的数据很难满足独立同分布假设，这也是 AI 发生低级错误的原因之一。

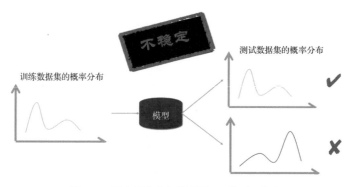

图 4.3　独立同分布假设导致 AI 模型不稳定

公平性在 AI 行业内也频频讨论。例如，美国司法系统需要预测犯人假释以后的二次犯罪率，作为对其减刑或者释放的重要参考依据。两个犯罪嫌疑人在家庭背景、收入水平、受教育水平等各个层面相差无几，只因为一个是黑皮肤、一个是白皮肤，AI 系统最后判定黑皮肤犯罪嫌疑人的二次犯罪率比白皮肤的高十倍以上。显然这种预测和决策是不公平的。而现在大量 AI 技术都倾向于给出这样的不公平预测或决策。

AI 系统具有不可回溯性，根源还是黑箱性质。现在的 AI 系统，即使知道最后输出是错的，也并没有办法回溯以获悉出现错误的原因。

目前 AI 应用的困境大致可以归纳为不可解释、不稳定、不公平且不可回溯。而其中的不可解释直接导致了人对 AI 系统的不理解。然而，一项新技术一定要加以理解才能够放心投入应用吗？答案是否定的。例如汽车的使用，并不是所有人都理解汽车的动力学原理、发动机原理，但汽车因为技术稳定而获得了公众信任。但 AI 技术因为不稳定、不公平，导致它的性能不可靠。而因为不可回溯，一旦系统出了问题就难以归责，所以很难建立一套保障体系。

2. 研究思路：转向因果统计框架

产生上述问题的根源在于机器学习的统计学基础——关联统计。即只在意所有输入信息和输出信息之间的"平"的关联结构，这种关联模式大部分都具有虚假性。例如，历史数据里可以发现收入和犯罪率、肤色和犯罪率是强关联的。如果基于因果框架，用因果统计替代关联统计，就可以发现收入和犯罪率是强因果关系，低收入群体更倾向于犯罪，肤色和犯罪率并没有很强的因果关系。肤色和犯罪率出现强关联是因为黑皮肤群体在某些特定国家收入偏低，因为收入低导致犯罪率高，而不是肤色直接导致犯罪率高。因果统计框架在可解释性、稳定性、公平性等方面有保障，将其引入机器学习可能是突破当前 AI 局限性的一个重要途径。

因果和 AI 结合的目标是实现因果启发的学习、推理和决策，从而能够从辨识理论、学习模型和决策机制方面全面引入因果统计框架，建立因果启发机器学习理论的方法体系，如图 4.4 所示。近年来，我们团队在因果启发的机器学习方面取得了一些重要进展，最终发现了一种通过全局样本赋权的方式，通过样本赋权的操作，能够将线性模型、非线性等深度学习模型升级成为因果启发的模型，从而为机器学习模型的可解释性、稳定性、公平性提供一定理论基础。从应用角度来讲，因果启发的机器学习的使用效果有突出表现，在工业 4.0、新能源、通信等领域也得到了广泛应用。

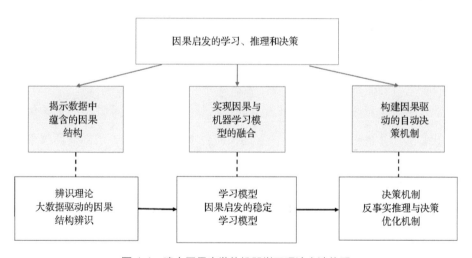

图 4.4　建立因果启发的机器学习理论方法体系

AI 进入深水区以后必然要求可解释性、稳定性、公平性和可回溯性。这不仅要求明晰数据里的关联，还要探究数据里的因果。所以 AI 基础理论需要根本性的变革，因果启发的机器学习可能成为新一代 AI 的突破口。

4.2.3 AI 可靠性和可解释性：软件工程视角

　　谢涛，北京大学讲席教授，高可信软件技术教育部重点实验室（北京大学）副主任，国家高等学校学科创新引智（"111"计划）基地负责人，北京大学新工科建设委员会副秘书长。他曾任美国伊利诺伊大学香槟分校（UIUC）计算机科学系正教授，当选欧洲科学院外籍院士，国际计算机学会（ACM）、电气电子工程师学会（IEEE）、美国科学促进会（AAAS）和中国计算机学会（CCF）会士；获国家自然科学基金委员会"海外杰青"项目资助及其延续资助，获得科学探索奖、美国自然科学基金会职业发展奖（NSF Career Award）等奖项。他担任 CCF 软件工程专委会副主任，ICSE 2021 程序委员会共同主席，国际期刊 *Software Testing, Verification and Reliability* 联合主编等；主要研究领域包括软件工程、系统软件、软件安全和可信人工智能。

智能软件工程属于人工智能和软件工程的交叉领域，目的在于用 AI 技术辅助解决软件工程的问题。而从智能软件工程角度同样可以探索 AI 的可靠性和可解释性。

AI 模型只是构成 AI 系统的模块——复杂系统由众多模块组成，而 AI 模块只是其中某个或某些模块。就软件系统而言，系统从用户获取输入，进行一系列操作后再给出输出。

前置条件界定了系统可操作的输入范围；在获取到满足前置条件的输入后，一个行为正确的系统会保障产生满足后置条件的输出。如果输入满足前置条件但输出无法满足后置条件，则表明系统出现了问题。

前置条件、后置条件等的刻画属于系统需求层面，AI 当前面临的挑战也可以从该层面解读。例如 2016 年微软发布了聊天机器人 Tay，有人恶意与其互动，于是 Tay 演化成了种族主义者，结果仅仅开放了 24 小时就被关了。有学者认为微软应该创建术语黑名单，当检测到与 Tay 的互动中包含"禁语"（相当于违反了前置条件），就予以过滤。在 Tay 输出"语句"之前，当检测到这些话包含"禁语"（不包含"禁语"是后置条件），也予以过滤。定义术语黑名单非常困难，因为既要保证对话自然，还要保障阻止恶性输入和防止"说错话"输出。如何将系统需求落实，并要求其能够被验证具有很大难度。

系统对需求的满足并不是绝对的。例如，保障自动驾驶系统的稳定性、安全性、合规性、舒适度等四项要求难度极高，实践中往往优先保障稳定性、安全性。另外，在开放环境中，如自动驾驶、聊天机器人等领域，很难判定或者保障需求得到满足。

在 AI 模型演化的过程中，往往牵一发而动全身。通过增加新训练样本再进行训练产生新版本的 AI 模型后，虽然整体模型准确度可能有增量式提升，但单个输入的输出行为可能会和"旧模型"差异较大。

AI 的可靠性问题因用户对 AI 系统的过度信赖而被放大。有逃生实验发现：人类过度依赖机器人的救援。如果机器人没有能够进行正确引导，就会造成负面效果，也就是 AI 的误导可能会让人类错过自救时机。

在需求层面，对于某些 AI 系统，AI 可解释性是需求的重要组成部分。也会有 AI 系统并不需要极强的可解释性。例如，输入法的 AI 助聊智能预测功能，只需要提高打字效率，用户并不关心它为什么会预测出这些字句。但是，可解释性在另外一些场景中非常重要，例如输入法中的智能帮写系统（见图 4.5 左图），需要根据年龄、性别、习惯构建出有针对性的语句，这时就可能需要 AI 可解释性来辅助用户决策是否要采用生成的语句。在软件开发环境下，不同于补全特别的简短代码，生成长段代码的智能补全（见图 4.5 右图）则可能需要强可解释性，以供程序员理解所生成代码的内在逻辑。

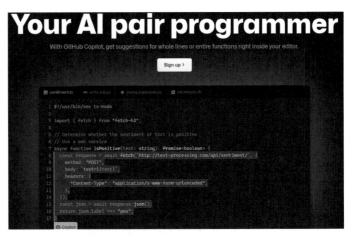

图 4.5　AI 助聊智能帮写（左）与代码智能补全（右）

面对不同场景的不同需求，有如下两种应对方式。

第一，基于不可靠的 AI 模块来创建足够可靠的系统。鉴于数据驱动等特点，AI 模型和 AI 决策本质上很难做到完全可靠。但实践中除了从算法等角度提升 AI 可靠性外，即使系统内部 AI 模块不那么可靠，也可以基于系统观从这些模块的外围来提升系统的整体可靠性。

第二，人类如何与不可靠的 AI 系统共存。例如清华大学车辆与运载学院研究团队刊登在 Nature 杂志的文章 "*Safety Envelope of Pedestrians upon Motor Vehicle Conflicts Identified via Active Avoidance Behavior*"，从安全范围的角度指出：出现交通紧急情况时，人类的反应对于保护人身安全起着关键作用。该研究旨在通过在控制良好、身临其境的基于虚拟现实的紧急交通试验场景中记录行人主动回避行为，来确定车辆与行人间基于距离的安全边界。

如图 4.6 所示，其实 AI 系统面临的未知挑战涉及 "已知的已知" "未知的已知" "已知的未知" "未知的未知"。其中，"已知的未知" 是指 AI 系统知道违反其前置条件或后置条件的情况；"未知的未知" 是指 AI 系统不知道违反了前置条件、后置条件的情况，这种情况是学者需要长期应对的开放挑战。

图 4.6 AI 系统面临的未知挑战（左）；系统需求（右）

4.3　主题对话：AI 决策的可靠性和可解释性

对话嘉宾：

陶大程，京东探索研究院院长

陶大程兼任清华大学卓越访问教授、中国科学技术大学大师讲席教授，加入京东前，在悉尼大学担任澳大利亚桂冠教授、Peter Nicol Russell 讲习教授和人工智能中心主任；主要从事人工智能与可信人工智能领域的研究，在权威杂志和重要会议上发表了 200 余篇论文，论文被引用 6 万 5 千余次，H 因子 132，多次荣获顶级国际会议最佳论文奖、时间检验奖。

他在 2015 年、2020 年两度获得澳大利亚尤里卡奖，2021 年荣获 IEEE 计算机协会 Edward J. McCluskey 技术成就奖，2018 年获得 IEEE ICDM 研究贡献奖，2015 年获悉尼科技大学校长奖章、2020 年获悉尼大学校长研究贡献奖；先后当选 IAPR/IEEE/AAAS/ACM 会士、欧洲科学院外籍院士、新南威尔士皇家学院院士，以及澳大利亚科学院院士。

梁正，清华大学公共管理学院教授，清华大学人工智能国际治理研究院副院长

李正风，清华大学社会学系教授

李正风 1963 年生，哲学博士，清华大学社会科学学位分委员会主席；中国科学院学部－清华大学科学与社会协同发展研究中心主任，中国科协－清华大学科技传播与普及研究中心副主任，中国科协－清华大学科技发展与治理研究中心副主任。他担任《科学学研究》副主编、Cultures of Science 副主编，以及中国科学学与科技政策研究会常务理事、中国社会学会常务理事、中国自然辩证法研究会常务理事等；担任《国家中长期科学和技术发展规划纲要（2006—2020）》起草组成员，"科技进步法"修订专家组成员等；主要研究领域包括：科技的社会研究、科学文化、科技与工程伦理、科技发展战略与科技政策、中国创新体系研究等。

张拳石，上海交通大学约翰·霍普克罗夫特计算机科学中心长聘教轨副教授、博士生导师

张拳石入选国家级海外高层次人才引进计划，获 ACM 中国新星奖；于 2014 年获得日本东京大学博士学位，2014—2018 年在美国加利福尼亚大学洛杉矶分校（UCLA）从事博士后研究，主要研究方向包括机器学习和计算机视觉。其研究成果主要发表在计算机视觉、人工智能、机器学习等不同领域的顶级期刊和会议上（包括 *IEEE Transactions on Pattern Analysis and Machine Intelligence*、ICML、ICLR、CVPR、ICCV、AAAI、KDD、ICRA等）。近年来，张拳石在神经网络可解释性方向取得了多项具有国际影响力的创新性成果，担任了 ICPR 2020 的领域主席，IJCAI 2020 和 IJCAI 2021 可解释性方向的 Tutorial 讲者，并先后担任了 AAAI 2019、CVPR 2019 和 ICML 2021 大会可解释性方向的分论坛主席。

谢涛，未来论坛青年科学家，北京大学讲席教授

4.3.1 为何需要可解释与可靠性

陶大程：可信人工智能主要聚焦于 AI 技术的稳定性、可解释性、隐私保护和公平性。需要从理论出发理解深度学习的工作机制，分析风险，并分析神经网络的代数和几何性质以及泛化能力，以此来保障 AI 应用的可解释性。

超级深度学习也是当下研究热点，主要方向是超大规模模型的训练。但理论层面对于"超大规模深度学习网络的优越性"的分析尚有欠缺。

李正风：提升 AI 决策的可靠性是一个目标。可解释性、可信任性、可理解性，都是为提高可靠性。人类正把更多决策权交给机器。人类是否让渡出决策权和控制权，是 AI 技术与其他技术相区分的重要特征。

AI 决策存在很大的可塑性和风险，AI 决策的相关技术也存在不同类型的缺陷和问题。为了放心应用 AI，必须高度重视 AI 决策的可靠性问题。构建对 AI 决策的信任，不能仅仅由技术来保障，还需要考虑社会因素。

AI 算法具有黑箱化、可塑性等特点。算法的可塑性是指算法的可变性和易变性，算法设计者可以对算法进行扩展、删改和修正。这会带来两方面后果。

第一，很难预先确定最优、最可靠的算法，算法表现受设计者认知水平和技术能力限制，也受算例、数据的可靠性和完备性的影响。

第二，很多和计算机技术、AI 技术相关的伦理问题，往往都是由计算机的逻辑可塑性、算法可塑性带来的。AI 算法设计在伦理上可能出现道德真空。道德真空有两方面的表现：道德无意识，进行算法设计的时候根本没有考虑可能出现的伦理问题、社会问题；道德无规则，知道可能存在问题，但面对这个挑战束手无策。

为避免道德真空，AI 企业、算法设计者要对算法、AI 决策机理进行解释。这种"可解释性"，不仅是技术上的，也是社会责任和伦理责任意义上的。解释的目的不仅是解释技术上是否可行，更重要的是解释是否以及如何能被社会接受。因此，AI 决策的"可解释性"是一种从社会责任角度、从伦理角度提出的要求。

AI 可解释面向的不仅是技术人员，更要包括普通用户和政府监管部门。原则是向公众、社会负责。跨主题交流、研讨，可以有效地防止个人认知或者技术上的偏差。解释是应对监管的重要前提，也是防止被利益或者其他因素影响的重要手段。在解释的过程中，公众要作为重要的角色介入到保障 AI 决策可靠性和可接受性、可信任的社会网络之中。这样做的目的是塑造社会信任的共同体，通过社会理性或者集体理性促进 AI 技术健康发展，形成塑造社会信任共同体的社会网络。

4.3.2 面对 AI 风险，公众有哪些诉求

梁正：AI 是通用技术，它和一般的产品面临的安全责任不同，AI 在向公共领域投放时，会涉及公共安全问题、公平性问题。在公共场景中，监管规则实际上是权力重新分配的问题，无论是依赖技术系统还是依赖决策者，背后都要有明确的规则——制定可靠和安全的标准。

不是所有的 AI 应用都需要解释，可解释性应当分类分级对待，具体情况具体处理：涉及人身安全、财产安全的领域，需要从消费者、用户角度出发，把握安全、健康等底线要求，建立严格的监管体系；对于涉及个人利益、公平和隐私的情况，要让用户拥有选择权；对于公共卫生、交通安全等公共领域，则需要强制实施，通过准入的方式进行保障。

李正风：公众对可靠性、可解释性的诉求有很大差异。原因在于社会公众伦理立场不完全一致。不同伦理立场之外，公众的诉求还分不同层面，

最基本的诉求是，AI 决策会带来什么样的后果，如何防止不安全的后果？这是讨论 AI 可靠性的底线。

从义务论立场出发，用户会保护自己的应有权益，这种权益也往往不是"唯后果"论——不论后果如何，合理的标准在于"是否侵犯了用户的应有权益"。

从契约论角度看，社会公众、政府监管部门要求企业、技术人员和用户之间达成双方共同认可的契约。共同契约的签订，往往包含技术上的黑箱，用户可能无法理解，从而存在信息不对称。因此，契约的可解释性、可接受性，应该通过政府监管部门予以保障。因为无法要求每个公众都理解契约的技术细节，所以需要公共部门保障契约不会存在对公众带来伤害的隐患。

4.3.3　AI 可靠性和可解释性有什么样的关系

张拳石：解释一个模型或者一个神经网络，无非是要追求解释结果的透明性、特征表达的透明性以及模型的本质知识、决策的逻辑，等等。要求语义可解释性，离不开解释结果本身的可靠性。当前，不同算法、技术，对同一个模型、现象有不同的解释，彼此之间独立，不能相互印证，解释结果不具有可靠性。因此，语义解释层面还需要更深的理论支持、更通俗易懂的展示方式；解释结果应当严谨客观，符合可解释性的标准；解释结果还要能够被验证，符合可靠性要求。

从表达能力方面寻求解释，属于泛化能力讨论，即为什么一个神经网络比另一个神经网络更可靠？从数学层面寻求泛化能力的边界本身没有问题，但需要考虑公众理解数学的能力。因此，不仅要发展可靠性理论，还要解释可靠性理论本身，关注可靠性结果或者数学公式能否在物理意义层面解读。不光要解释神经网络的表达能力，而且要对解释结果或者数学推出的结论、数学式子背后的内在机理进行解释。

神经网络的结构决定知识表达，知识表达的客观性、严谨性与可靠性决定了模型性能，需要在结构和知识、知识和性能之间建立联系。归根到底结论不仅是对某个具体现象的结论，也要对神经网络的结构设计和优化算法的反馈给出指导。可解释性理论本身应该具有泛化性能——在不同神经网络、不同应用中都能指导神经网络的训练，指导 AI 模型的结构设计。

陶大程：可信 AI 的研究涉及很多方面，如果要实现可信 AI，首要任务是找到合适的方法进行定量分析，量化 AI 的算法、模型、系统的稳定性、可解释性、隐私保护能力以及公平性。如果 AI 的可信度量在以上这些方面都能够达到共识水平，就更有可能做到明确责任、透明可信，从而推动 AI 在相关应用中的落地。

要做到这些，首先需要理解什么是可信 AI 的稳定性、可解释性、隐私保护以及公平性的问题。AI 系统的稳定性，就是 AI 系统在抵抗恶意攻击或环境噪声的条件下做出正确决策的功能。高性能的 AI 系统能在保障用户安全的同时更好地服务用户，可以通过攻击算法、攻击成功率来度量系统稳定性。现在也有很多方法提升稳定性，例如对抗训练、样本检测等方法。目前的问题是，对于稳定性，还需要找到大家能达成共识的度量标准。

AI 系统做出的决策需要让人能够理解。可解释性的提升不仅有助于构建更高性能的 AI 系统，更能促进 AI 技术在更广泛的行业落地与赋能。可解释性度量的内容，除了模型的可解释性外还有训练样本的可解释性、测试样本的可解释性。可解释性涉及的方面非常多，例如泛化性能、特征、因果、可视化，等等。如何在技术层面对度量指标达成共识，并对系统进行度量，然后指出系统的可解释性，是非常重要的问题。

隐私保护要求 AI 系统不能将个人的隐私信息或者群体的隐私信息泄漏，AI 系统为用户提供精准服务的同时也要保护用户的隐私。度量一个系统的隐私保护能力，可以用差分隐私或者隐私攻击等方式。此外还可以通过联邦学习、多方计算、同态加密等手段提升系统保护用户隐私的能力。

公平性是指 AI 系统需要公平对待所有用户。大众用户、小众用户，男用户、女用户，不同种族的用户，年轻用户、中年用户，等等，都要求公平地处理。公平 AI 系统能够包容人与人之间的差异，为不同用户提供相同质量的服务。目前可以使用个体公平性以及群体公平性指标进行相关的公平性度量。公平性的保障算法包括预处理方法、处理中方法以及后处理方法。

关于可信 AI 的稳定性、可解释性、隐私保护能力、公平性的度量以及提升方法，现在还处在早期研究阶段。稳定性、可解释性、隐私保护及公平性并不是孤立存在的，而是相互关联，需要从整体角度对 AI 的可信进行研究。要想最终实现可信 AI 系统，需要找到统一的综合治理框架，要构建可信 AI 的一体化理论，帮助实现有效的可信治理。

所有的 AI 系统在运行环境中都会受到噪声的影响，例如用来观测的传感器存在误差，也就是系统误差；还有环境因素，例如气温变化、日照变化带来的环境噪声；甚至人类自身还会带来很多人为噪声，现在 AI 系统训练的时候需要大量的人力对数据进行标注，标注过程中可能犯错，甚至同样的数据不同人的标注内容可能有差异。实践表明，这些噪声可能使现有 AI 系统失效。此外，神经网络中还存在大量对抗样本，数据上微小的噪声都会显著地改变系统的预测和决策。所以，发展鲁棒、可靠的 AI 技术非常必要。现在很多不同的技术尝试解决这样的问题，例如投影梯度下降方法通过梯度上升寻找对抗样本以促进鲁棒性提升。

目前 AI 技术的工作原理还没有较好的解释，虽然大家已经做了非常多的努力，但相关研究还是处在非常早期的阶段。任何一个学科的发展都要经过长时间的打磨，而 AI 是一个综合学科，涉及面非常广，真正深入理解 AI 还需要很长时间。类比物理的发展，牛顿力学统治经典物理几百年的时间，最终出现了量子力学、狭义相对论、广义相对论，现在大家对量子力学的理解也还是有很多问题。即便是物理学这样的基础学科，也是经过几百年的发展才有今天这样相对稳定的面貌。AI 学科非常年轻，从它 20 世纪 50 年代诞生到现在也就是 70 年左右历史。要想真正深入理解 AI 的机理，还有赖于更多人投入到基础研究之中。尤其是基于深度学习的深度神经网络，其泛化能力很难解释。不可解释的 AI 技术，在实际使用的时候也确实难以得到大家充分的信任，其可用性是打问号的。

现在的一些研究成果，发现在投影梯度下降技术框架下，对抗的鲁棒性和泛化能力是不可兼得的，泛化误差上限可能随着对抗鲁棒性的提升而变大，也就是泛化性能可能会随着模型变得更鲁棒而变得更差。这在一定程度上说明稳定性和可解释性之间的关系，所以也就启发我们从不同的方面来研究可信 AI。这也涉及一个哲学思想——是整体论还是还原论的问题。从还原论的角度研究可信 AI 的方方面面只是第一步，第二步还需要从整体论出发研究该如何综合治理可信 AI。

4.3.4　可信人工智能在实际应用中面临哪些挑战

谢涛：在宏观治理方面，AI 可解释性支撑事后追责，或治理过程中的审批等；在用户使用方面，要求用户能够利用 AI 提供的解释做出决策。

深度学习和经典机器学习不同，它无法提供可信度。因此，基于深度学习的系统很难判定和解释非法输入（违反前置条件的输入）或者其错误输出（违反后置条件的输出）。

目前学术界做出的一些 AI 模型形式化验证、认证的成果离应用于真实系统还有不小差距。通常经认证的鲁棒性是在对抗性扰动这种比较限定的场景下获得的，对通用的输入进行认证还是非常困难。对于 AI 系统，模型的可塑性、易变性也为软件测试带来了新挑战。例如，测试输入的生成（特别是生成能反映真实使用场景的测试输入），测试预言（用来判定系统的行为是否符合预期）的构造，都面临很多挑战。

张拳石：现在 AI 的理论发展与应用发展之间存在鸿沟，优秀的算法往往基于经验，而不是理论上的推演。之前提出的理论，并不适合深度学习时代，或者理论只能解释浅层或者不切实际的假设，因此，理论和应用之间有很大的距离。

深度神经网络在信息处理过程中有语义的涌现，神经网络中层的信号并不是简单的高位空间向量系统，而是在逐层传递过程中存在"有意义的信息"涌现。传统 AI 理论无法解释这种信息，但是正因为有信息涌现，深度学习网络才能更高效地处理信息，才能有更高的精度。所以，可能需要一些新的理论描述神经网络的中层语义涌现现象。

现在理论研究处于起步阶段，深度神经网络也找不到绝对可靠的方法。在此背景下，出现了诸如对抗攻防、过程攻击、窃取模型、伪造样本、伪造图片等不同的方法来欺骗 AI 系统。虽然可以设计出很多有针对性的防御方法，但是攻防两端是长期之役，找不到一劳永逸的算法以得到真正可靠的系统。

要真正解决问题，要找到不同算法的本质机理，需要在更大范围内建立更广泛的理论体系，探索不同的可解释性算法、不同理论的内在和本质的相关性。

4.3.5　各方如何共同参与 AI 可靠性的发展

李正风：将社会治理规则、伦理要求注入技术发展之中是各方共同的诉求。这个过程不仅涉及从业的技术人员，还涉及企业，也需要包括行业协会以及政府监管部门在内的各方面共同努力。

AI 技术的发展使社会问题更加充分地暴露出来，也使得 AI 可靠性问题更加受人关注。使 AI 技术发展更符合社会规则的要求，也会助推社会规则更加符合实际。社会治理和 AI 的进步是相互促进的两个方面，通过发现社会规则中需要改进的地方，在交互作用中审视社会规则，反过来会推动社会规则体系做出必要的改变和调整，能够让 AI 技术的发展起到移风易俗的作用，这也是处理社会治理与 AI 技术可靠性、可解释性之间关系的重要方面。

梁正：在公共管理的视角下，不同的主体在规则构建中发挥作用并不是智能时代独有的现象。例如，如果没有汽车文明，就不会有今天的交通规则；如果没有城市文明，就不会有今天的城市管理。

因此，智能技术的发展需要建构一套适应智能时代或者数字时代运行的新制度规则体系。该体系的底层是公序良俗，划定道德底线；中层是社会交往的基本规则、包括习惯等；上层是法律制度，规定行为准则的上限。

AI 目前正处在体系建立过程之中，需要算法问责制度、算法审计制度、强制保险制度等。对于 AI 技术的可靠性而言，绝对不是单纯技术方案的问题，而是技术方案和社会系统嵌合的问题。

实际上，很多问题需要跨越社会群体的对话。回顾历史，工业文明时代，工人需要什么样的保护制度，怎样与机器形成协同的关系，都不是某方面力量能够单独决定的。监管者在其中发挥着桥梁作用，对接社会的诉求和可能的解决方案，同时还要平衡利益冲突。公共管理领域提出的"敏捷治理"理念，主要目的是帮助管理者在面对未知的情况下，起到社会沟通、利益平衡的作用。

4.3.6 强监管环境下，政府和企业如何联动

陶大程：企业、政府、学术界应该站在一起，共同应对和解决 AI 可靠性风险的问题。政府、企业以及学术人士各有专长，应该各自发挥其所长，互为补充，形成密切合作关系。

政府应当发挥政策引导性作用，通过制定和优化相关法律法规对全社会做出相关的指引，引导企业以及其他相关群体不断提高 AI 的可靠性。学术界应坚持科技向善，坚持发展有温度的技术，科技研发与实践应用过程中密切关注 AI 可靠性的问题。企业实践直接接触真实场景应用，处于 AI 技术应用第一线，责任重大，更需要充分增强风险意识和应对能力来应对 AI 可靠性相关的风险。

此外，学术界的技术支持在企业控制 AI 可靠性风险的过程中发挥着重要作用。AI 可靠性风险的问题至关重要，随着政府、企业和学术界的密切合作，各尽所能，该问题将能够得到控制和解决。

谢涛：学术研究者更多是技术方案提供者，但要解决的问题不仅是 AI 技术和 AI 模型本身，而是整体系统的问题，所以进行产学研合作是特别关键的。

对于产业第一线实践中凝练出来的问题，需要良好的问题反馈渠道，能够让学术界及时接触了解，需要通过产学研合作一起推动问题的解决。

李正风：促进国家 AI 产业的健康发展，需要各方面协同努力，应该重

视通识教育，加强与 AI 决策可解释性问题相关联的职业修养和伦理意识方面的教育，而不能让该问题仅仅停留在精英层面的认识或者是学术带头人的理解。AI 企业应该帮助从业者加强教育和培训；高校应该将伦理意识、社会责任与人才培养紧密结合起来，从而在 AI 的健康发展中做到"后继有人"。

第5章

用户数据隐私

5.1 导语

夏华夏

美团副总裁、首席科学家

　　数据，在今天的信息时代越来越重要，它已成为继土地、劳动力、技术、资本之后的第五大生产要素。与此同时，对数据的保护也越来越重要，尤其是近年来用户的个人信息安全问题，经常成为焦点话题。2021 年 8 月 20 日，我国出台了"个人信息保护法"，该法融合了个人信息权益的私权保护与个人信息处理的公法监管，奠定了我国网络社会和数字经济的法律基础。截至 2022 年 6 月，我国互联网用户规模已经超过 10.5 亿，在数据安全风险日益凸显的当下，保护数据安全、保护个人信息隐私关系到我们每一个人。

　　用户数据隐私具有复杂性。尤其随着信息技术和 AI 技术的发展，这个问题显得越来越突出，其复杂性体现在如下几个方面。

　　1）AI 技术让用户隐私更加脆弱。AI 可以利用强大的计算能力、复杂的数学模型，轻而易举地从海量的数据中找到各种信息。即使对用户隐私做了精心的保护，也容易被 AI 找出蛛丝马迹。美国知名网络视频平台奈飞曾经举办过一个奖金高达百万美元的推荐算法大赛，为了大赛的举行，奈飞公布了一部分用户在其网站的评分数据作为训练集。为保护用户的隐私，奈飞对这个训练集做了脱敏处理，删除了可识别单个用户的所有个人信息，每个用户只以随机分配的一个 ID 替代。但是有两位 AI 学者把这些数据跟其他公开数据关联，成功识别出了其中一些用户的身份，暴露了这些用户租借影片的隐私信息。

　　2）数据的所有权并不是显而易见的。数据信息可以很容易地被访问、被复制，以及被加工，所以其所有权比实体的物品更加隐性，有时候甚至被忽视。数据的产生往往有多方参与，例如一个病人去医院看病，医生用医疗仪器给病人做了检查，然后给出诊断病历。那么检查结果、诊断病历的所有权应该归谁？是病人、医生、医疗仪器制造商，还是医院？

　　3）个人隐私保护的需求与社会的效率、安全等诉求之间并不是完全一致的，可能需要折中。在新冠疫情期间，个人在进入公共场所时可能需要出示行程和核酸检测等相关的证明，这中间每个人都让渡了一部分个人的数据隐私，但是有效地帮助了整个社会确保公共卫生安全。

4）"隐私"的边界也随着时代、人群的变化而变化。在我读大学的时候，老师告诉我：不能随便询问女生的年龄，这是男生应有的绅士品格；而在网络社交发达的今天，很多父母在孩子出生时都在社交账号上发贴来庆祝、纪念，这些孩子的出生日期会被很多网站或 App 一直记录。再以人脸识别技术为例，2019 年美国的旧金山等多个城市以保护个人隐私为由，立法禁止任何政府部门使用人脸识别技术；而在我国，人脸识别技术已经在用在身份认证、安防监控等很多领域，并发挥出了巨大的社会价值。

正是因为上述原因，在 AI 技术越来越发达、生活的数字化程度越来越高、社会变化越来越快的时代，隐私保护就成了一个重要、紧急而且复杂的课题。

为此，未来论坛"AI 与用户数据隐私"研讨会组委会邀请学术界、企业界以及法律界的五位专家，从技术研发、人文伦理、监管立法等角度探讨个人隐私与社会效率之间的平衡，探寻保护数据安全、保护个人信息隐私的可行路径。研讨会的内容包括四场专题分享和一场圆桌对话。

几位专家从各自的领域和视角，阐释了对"用户数据隐私"的理解，这些深度思考和探讨对于个人、企业乃至社会都有重要的参考意义。

5.2 主题分享

"用户数据隐私"的专题研讨，将阐述如何定义用户与平台之间的关系以及国内外对数据隐私保护的理解和差异；探讨平台如何在以用户数据产生更大价值的同时，从技术和规范的角度，减少对用户数据隐私的侵犯；从法律和监管的角度出发，讨论如何加强用户数据隐私保护的实施，共同探讨用户与平台之间的合作共赢之路。

主持嘉宾：

夏华夏，美团副总裁、首席科学家

主题分享：

"'伦理即服务'视角下的 AI 数据伦理治理"——曹建峰，腾讯研究院高级研究员

"人脸识别技术的法律规制框架"——洪延青，北京理工大学法学院教授，全国信息安全技术标准化委员会委员

"算法中的'人'——基于'个人信息保护法'的观察"——许可，对外经济贸易大学数字经济与法律创新研究中心执行主任，中国人民大学未来法治研究院研究员

5.2.1 "伦理即服务"视角下的 AI 数据伦理治理

曹建峰，腾讯研究院高级研究员，兼任上海政法学院客座教授、华东

政法大学数字法治研究院特聘研究员、对外经济贸易大学数字经济与法律创新研究中心研究员、中国伦理学会科技伦理专委会理事、中国人工智能学会人工智能伦理与治理工委会委员、广东省法学会信息与通信法学研究会理事，以及民盟深圳市委法律委员会委员。他长期从事互联网前沿科技与数字经济相关的政策、法律与社会伦理研究，多次受邀参加人工智能领域的国内外顶级大会并作演讲，代表著作包括《数字正义》（主要译者之一）、《人工智能：国家人工智能战略行动抓手》（主要作者）、《产业区块链》（主要作者之一）等，在《光明日报》《学习时报》《法治日报》《法律科学》《图书与情报》、FT 中文网、腾讯研究院公众号等各类报刊及媒体上发表论文和文章上百篇，多篇论文被《中国社会科学文摘》等转载。

站在行业角度，人工智能主要的伦理问题涉及四个方面：透明可解释标准、公平性评价、隐私保护、安全。此外，人机协作、责任划分等问题也不可忽略。

AI 科技伦理成为行业"必选项"，国家顶层设计亦有强调。十九届四中全会审议通过的《中共中央关于坚持和完善中国特色社会主义制度、推进国家治理体系和治理能力现代化若干重大问题的决定》要求健全科技伦理治理体制；"十四五规划和 2035 年远景规划纲要"提出健全科技伦理体系，完善相关法律法规和伦理审查规则；"数据安全法"明确要求数据处理活动遵循社会公德和伦理价值；2022 年 3 月发布的《关于加强科技伦理治理的指导意见》，要求企业根据实际情况建立科技伦理（审查）委员会，从事 AI 等科技活动涉及科技伦理敏感领域的，应当设立伦理委员会。

2016 年至今，从原则到实践，AI 科技伦理成为"必选项"经历了如下三个阶段。

1）原则爆发阶段，全球各大行业和一些知名企业及研究机构提出自己的 AI 伦理原则。哈佛大学法学院伯克曼·克莱因互联网和社会研究中心的报告《有原则的人工智能：基于伦理及权利的人工智能原则共识归纳》

（*Principled Artificial Intelligence: Mapping Consensus in Ethical and Rights-Based Approaches to Principles for AI*）对此有详细介绍。

2）共识寻求阶段，加强 AI 国际治理，经济合作与发展组织（Organization for Economic Cooperation and Development，OECD）等机构主张推动建立国际公认的伦理框架准则。OECD 的伦理框架准则如图 5.1 所示。

图 5.1 OECD 的 AI 原则（OECD AI Principles）

3）伦理实践阶段，很多企业都在讨论如何把 AI 原则贯彻到日常技术实践中。如 Google Cloud 为打造负责任的 AI 而采取的措施（见图 5.2）；微软设立负责任 AI 办公室，全面推进负责任 AI 的落地实施（见图 5.3）。

Google Cloud 为什么选择 Google 解决方案 产品 > 🔍 ⌞_

跳转到

Google Cloud 为打造负责任的 AI 而采取的措施

AI 原则

从 2018 年起，Google 的 AI 原则一直是我们的指导性章程，激励我们朝着共同的目标努力。Responsible Innovation 团队是我们的卓越中心，指导我们如何将这些原则运用到整个公司，影响着 Google Cloud 在打造先进技术、开展研究和起草政策等方面采取的措施。

将原则付诸实践

严格的评估是打造成功 AI 的关键组成部分。为了与 Google Cloud 的 AI 原则保持一致，有两个不同的审核机构对我们构建的任何技术产品以及涉及定制工作的早期交易进行深入的道德分析以及风险和机会评估。了解详情。

工具与培训

Responsible AI 工具是一种日趋高效的方式，用于检测和理解 AI 模型。我们正在打造 Explainable AI、模型卡片和 TensorFlow 开源工具包等资源，以易用的结构化方式提供模型透明度。我们通过 Responsible AI 做法、公平性最佳做法、技术参考文档和技术道德资料分享我们认识到的内容。

图 5.2 谷歌将 AI 原则付诸实践

Operationalizing responsible AI

We are operationalizing responsible AI across Microsoft through a central effort led by the Aether Committee, the Office of Responsible AI (ORA) and Responsible AI Strategy in Engineering (RAISE). Together, Aether, ORA, and RAISE work closely with our teams to uphold Microsoft's responsible AI principles in their day-to-day work.

Office of Responsible AI

ORA puts Microsoft principles into practice by setting the company-wide rules for responsible AI through the implementation of our governance and public policy work. It has four key functions.

Governance   Team enablement   Sensitive use cases   Public policy

图 5.3 微软设立负责任 AI 办公室，口号是将负责任的 AI 付诸实践

AI 伦理原则有两个嵌入实践的思路。一个思路是借鉴传统的隐私保护，把伦理嵌入 AI 全生命周期。具体而言，是把伦理价值、原则、要求和程序融入 AI、机器人和大数据系统的设计、开发、部署过程。另一个思路是考虑公平、安全、透明（可解释）、责任等价值。

目前，伦理嵌入设计是全新的概念，涉及哪些基本原则，有哪些落地方式，还需要进一步探索。已有的行业实践包括设立伦理委员会，组织培训、审查从而确保设计活动中考虑伦理的要求；构建"AI 模型说明书"，推动 AI 算法的透明性和可解释性。例如，谷歌推出的"模型卡"工具集（Model Card Toolkit），IBM 的 AI 事实清单，等等。

行业实践还包括树立伦理即服务战略，寻找 AI 伦理问题的技术解决方案。AI 伦理服务是 AI 领域最新发展趋势，针对可解释、公平、安全、隐私等方面的伦理问题，研发、开源技术工具。目前，谷歌、IBM、微软等大型科技公司正大力布局，开发旨在解决伦理问题的技术工具并集成到云、算法平台上。此外，AI 伦理创业公司也不断涌现，提供技术方案来应对伦理问题，实现可信、负责任的 AI。

关于 AI 数据伦理治理的实践，企业界有如下三个通用的方式。

1）寻找隐私防护的机器学习方法。AI 训练需要大量的数据，数据中往往包含用户的个人隐私信息，利用一些技术，AI 模型可以实现训练、开发与隐私保护之间的平衡。其中，联邦学习、安全多方计算、区块链等技术或方案是其中的代表。联邦学习能够在数据不出本地的情况下实现联合训练 AI 模型的效果，保护隐私和信息安全。从研究的角度，联邦学习和传统机器学习方法相比，准确率没有太大差别。目前联邦学习已经处于大规模商用的前期，但需要解决效率、成本、能耗、配置门槛等问题。

2）利用合成数据训练 AI 模型。合成数据是生成对抗网络的典型应用，代表性的模型是生成对抗网络（Generative Adversarial Networks,

GAN）。GAN 由生成网络和鉴别网络组成，前者负责产生合成数据，后者负责鉴别，在持续迭代中不断优化 GAN。目前，在医疗领域，可以利用"深度合成"技术合成医疗影像数据，为 AI 诊疗系统提供必需的训练数据，解决隐私保护、数据不足等问题。合成数据在 2020 年发展非常迅猛，在腾讯研究院和腾讯优图实验室发布的《AI 生成内容发展报告 2020》中，更是将 2020 年定位为"深度合成"元年。

3）构建无偏见训练数据集。如图 5.4 所示，AI 大咖 Yann LeCun 曾发推称数据偏见导致了 AI 偏见，引发了关于数据是不是算法偏见唯一来源的大辩论。Yann LeCun 推文译文为：机器学习系统的偏差，原因在于数据的偏差。如果模型在 FlickFaceHQ 数据集上进行预训练，该数据集里基本都是白人照片，会让每个人看起来很白。如果换成来自塞内加尔的数据集，训练完全相同的系统，那必然是每个人看起来都像非洲人。

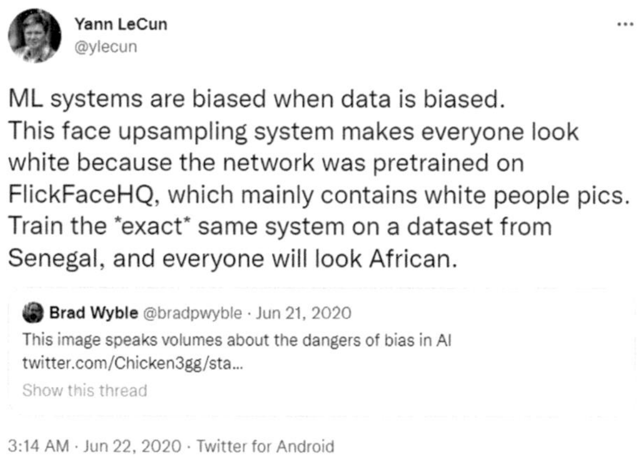

ML systems are biased when data is biased. This face upsampling system makes everyone look white because the network was pretrained on FlickFaceHQ, which mainly contains white people pics. Train the *exact* same system on a dataset from Senegal, and everyone will look African.

Brad Wyble @bradpwyble · Jun 21, 2020
This image speaks volumes about the dangers of bias in AI twitter.com/Chicken3gg/sta...
Show this thread

3:14 AM · Jun 22, 2020 · Twitter for Android

图 5.4　Yann LeCun 引发辩论的推文

当时热议的是 Pulse 算法，它可以把低分辨率图片转换成高分辨率图片。研究人员发现该算法会把模糊的黑人、亚裔人种的照片都还原为白人，如图 5.5 所示。这场争论的启示是：数据是 AI 最核心的要素，AI 的很多偏见和歧视都源于数据。当然算法的设计选择、学习与交互过程等也可能带来偏见，但当前算法歧视最主要的来源还是数据，而且算法的运行可能把数据集中的微小偏见放大。所以 AI 数据伦理治理一个非常核心的问题是，需要在 AI 设计开发的源头上就构建无偏见的训练数据集，这需要各界一起探索相应的标准来指导技术实践。

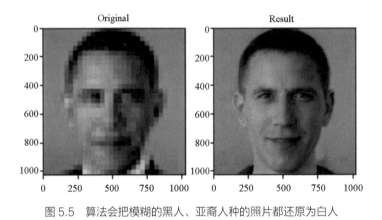

图 5.5　算法会把模糊的黑人、亚裔人种的照片都还原为白人

5.2.2　人脸识别技术的法律规制框架

洪延青，北京理工大学法学院教授，全国信息安全技术标准化委员会委员。他于荷兰乌特勒支大学取得博士学位，主要研究网络领域中的个人权利保护、个人信息保护、数据跨境流动及关键信息基础设施保护等网络安全法律政策问题，担任全国信息安全标准化技术委员会重点标准制定项目《信息安全技术－个人信息安全规范》《信息安全技术－个人信息安全影响评估指南》的编制组组长。

目前人脸识别的应用主要有六个方面：计数、验证、辨识、监控、伪造、窥探。其中，计数常见于商场流量统计，其目的不是认出人脸的模样，而是明确人脸出现在监控区域的次数。

验证属于 1 对 1 识别，常见于门禁系统，新型门禁系统能通过"看"脸识别，并与系统中的备案比对，从而验证身份。嫌疑人定位是辨识功能常用的场景之一，通过摄像机抓拍功能，比对后台人脸发现可疑人物。可以从视频中捕获疑犯头像，然后再人工排查定位，提高效率，最后画出大概范围。辨识属于 1 对 N 的识别。

监控是常见的叠加式 1 对 N 识别。常见的场景如新零售客户追踪，用来识别存量用户，跟踪其停留区域、时长等，分析其关注点和购物习惯等。

伪造常见于智能相册、变脸等应用。人脸识别本质上是分析人脸的特征，并把这些特征记录下来，伪造则是在此基础上通过算法的形式对人脸进行变造的工作。例如对照片或视频中的人脸进行变脸（形变、替换）等操作。

窥探，是指通过人脸的特征分析隐秘的个人特征。例如分析年龄、种族等特征。其本质是观察脸部特征之间的关联，然后推测背后的信息。

人脸识别技术现阶段这六个不同的用途，分别涉及不同的法律框架，如图 5.6 所示。

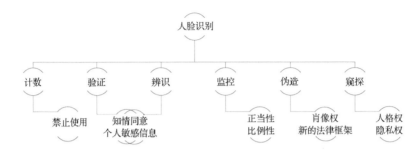

图 5.6　人脸识别法律框架

在"计数"场景下，明确禁止人脸拷贝动作。验证、辨识本质上是个人敏感信息的问题，毕竟，验证是 1 对 1 的，辨识是 1 对 N，背后都是要知道身份信息，因此可以在个人信息保护的法律框架下进行约束，需要知情同意。

"监控"实际是广义的辨识，具有一定的公共性，需要时间、物理、地理范围等参数的加入。因此，除了个人信息保护框架之外，还要考虑公权力的约束。例如什么时候允许监控行为，以什么比例进行监控，以及是否正当。

对于"伪造"，需要运用肖像权等法律框架；对于"窥探"，适用民法典上的人格权和隐私权的框架。

因此，对人脸识别技术进行整体性的规制，要考虑不同场景，以及不同场景相应的法律框架。要在关注场景的前提下，叠加原有的法律框架，创新性地规制某个技术在某个场景下的用途和应用。人脸识别未来一定会有新的场景应用，但无非是上述六种场景的叠加和变换，相应的法律框架也可以做相应的变换和叠加。

我们不是仅仅规制技术本身，而是想规制技术背后的用途和场景，因此需要细分场景至"原子化模块"，然后考虑原子化模块能够适用哪些法律框架，从而得到人工智能相对合理的法律规制路径。

5.2.3 算法中的"人"——基于"个人信息保护法"的 观察

　　许可,法学博士、博士后,对外经济贸易大学惠园优秀青年学者、数字 经济与法律创新研究中心执行主任,中国人民大学未来法治研究院研究员、 金融科技与互联网安全研究中心副主任;中央网信办专家组成员,中国个人 信息保护和数据治理三十人论坛发起人、世界数据治理和网络安全研究联盟 秘书处成员、北京市海淀法院专家咨询委员会专家委员、中国证券法学会理 事、中国网络信息法学会理事、北京银行法学会理事。他目前深度参与中央 网信办和全国人大常委会法工委一系列政策法规的起草和论证工作,同时是 "个人信息保护法"(专家建议稿)的主要起草人之一,在网络安全、个人信 息、金融科技和数据治理等方面的研究成果丰硕,已在《中国社会科学》《中 国法学》、*Minnesota Law Review* 等国内外著名期刊发表论文 60 余篇。他也是 FT 中文网、财经网专栏作者,发表评论性文章近 100 篇。

算法是通过一系列无形的技术影响，改变了人的生活方式，改变了人的抽象形态，所以算法改变人本身。虚拟人类也存在于影视作品中，例如《黑客帝国》中的人物尼奥，本质上是由机器或算法虚拟的人格。

算法分为三步改变一个人类：

第一步，获知身份。通过手机，汇聚、分析个人信息，通过关联关系的自动化分析，形成个人的特征模型，这种特征模型形成之后就可以应用到个人当下的行为模式，并能够预测个体未来的行为特征。

第二步，获知一个人的偏好。通过大数据分析得到个人的喜好信息，基于特定个人信息主体的网络浏览历史、兴趣爱好、消费记录和习惯等个人信息，向该个人信息主体展示信息内容、提供商品或服务及其价格等。个性化的信息内容，个性化的商品或者服务，以及个性化的价格都是该步骤的产物。这种技术，在电影《她》中亦有体现。例如，电影中的 AI 系统，利用主人公喜欢的"迷人的声线，温柔体贴而又幽默风趣的性格"，开启人与机器的亲密关系。

第三步，对一个人做出影响。到这个阶段，在某种意义上算法已经从"仆人"升级成了"主人"，通过自动化的决策对个人产生法律影响或者与此类似的重大影响。典型的例子是：根据过往的记录，对犯罪嫌疑人定罪。信贷的额度自动确定也是这样的例子。可以预见，在未来，包括考试、招生、雇佣在内的更多领域，都可能被自动化决策所影响。

如何不让算法主导人类生活呢？个人信息保护法已经给出答案。在"个人信息保护法"中，对于"你是谁""你喜欢什么"以及"你应该得到什么"这三个问题，都已经进行了不同层面的法律回应。

"个人信息保护法"第 44 条赋予个人对"你是谁"等个人信息处理的知情权、决定权以及限制和拒绝他人对个人信息进行处理的权利。知情权和决定权，在具体的法律条款上，体现为对个人信息收集的知情同意，这是应用最广的个人信息处理规则。但现实是个人的知情同意权沦为虚化，因为用户并不知道提交个人信息会负什么样的法律后果。用户往往不得不点"同意"选项，所以除了同意之外，要在客观上要求个人信息的收集遵循最小化原则。

对个性化推荐（"你喜欢什么"）的法律回应，最核心的是透明性：通过自动化决策方式向个人进行信息推送、商业营销，应当同时提供不针对其个人特征的选项，或者向个人提供便捷的拒绝方式。

此外，法律还要求实质公平：不得对个人在交易价格等交易条件上实行不合理的差别待遇（"你应该得到什么"）。值得一提的是，这强调的不仅仅是差别待遇，更强调了不合理，并不是所有的差别待遇都不应该允许的。

在自动化决策层面，按照"个人信息保护法"的规定，对自动化的决策应当进行风险评估或影响评估。其中，影响评估要考虑自动化决策的目的、方式、对个人的影响和风险程度，以及所采取的安全保护措施或风险的缓释措施是否有效、合法。个人具有一系列的权利：知情权、算法解释权以及拒绝权和人工干预权，其目的正如"个人信息保护法"第 24 条所言：个人信息处理者利用个人信息进行自动化决策，应当保证决策的透明度和结果公平、公正。

5.3 主题对话：新时代的用户数据隐私

对话嘉宾：

郝长伟，毕马威企业咨询（中国）有限公司咨询总监

　　郝长伟在网络安全合规和数据安全、个人信息保护、信息科技风险管理、信息技术内控与审计、信息科技风险管理及信息安全领域经验丰富，近年专注于网络安全合规和数据保护、个人信息保护等领域，曾负责多个"网络安全法"、GDPR合规咨询项目，协助多个客户根据外部合规要求、结合自身业务实际情况，开展数据识别、数据清单建立、对标分析、差距评估及隐私影响评估等工作，并为客户提供具有针对性和可操作性的改进建议与实施方案，以实现合规目标，并提升整体数据及隐私管理能力。他近期从管理咨询的角度对"数据安全法"及"个人信息保护法"的合规要点进行解读，并针对企业在业务开展过程中的不同场景给出相应的合规解决方案。

翟志勇，北京航空航天大学法学院教授，中国科协－北航科技组织与公共政策研究院副院长

翟志勇为中国政法大学法学学士，清华大学法学硕士、博士，哈佛大学东亚法律研究中心访问学者（2008—2009），现任北京航空航天大学法学院教授、博士生导师，社会法研究中心主任，中国科协－北航科技组织与公共政策研究院副院长。主要研究方向为法理学、公法学、数据法。他曾出版专著《公法的法理学》《从〈共同纲领〉到"八二宪法"》，作为中国科协法律咨询专家，先后承担中国科协各类科技法律与政策研究项目，为"科创中国"提供战略咨询服务，现在主要在数据主权、安全与隐私领域探讨数字时代的人类问题，重点关注数字空间革命带来的多元主权实践，以及在此基础上形成的新的法律秩序。

曹建峰，腾讯研究院高级研究员

洪延青，北京理工大学法学院教授，全国信息安全技术标准化委员会委员

许可，对外经济贸易大学数字经济与法律创新研究中心执行主任，中国人民大学未来法治研究院研究员

5.3.1　宏观视角下的数据隐私

郝长伟：用户作为数据的主体，在使用平台所提供服务的过程当中，应该是有保护意识的前提下提供个人信息。在提供个人信息的过程中要遵守最小化收集原则。用户要了解相关法律法规所授予自身在个人隐私保护方面的权利，例如知情权、决定权等。平台和服务提供商应该保证用户的合法权利，及时响应用户隐私数据保护的请求，尊重用户的合法权益。只有在基于数据保护的原则上，才能履行个人信息处理者的义务。

在全球隐私保护热潮大趋势下，从管理咨询的角度看，国内外对隐私保护皆有重视。发达国家的公民个人隐私保护意识非常强，他们不仅要求平台说明信息收集的合理性，还要求清楚了解隐私保护法律中的权利和义务。

我国这两年针对个人隐私保护以及相关的数据保护，也出台了相关的法律法规。用户的数量以及新技术的应用场景、不同业务场景数据的调用等，也给平台和企业履行隐私保护义务带来了挑战。

企业应该建立健全隐私保护的管理框架，建立相关的制度体系和管理体系和流程，通过隐私保护技术的辅助进行落地，最终将个人隐私保护工作贯彻到实际业务层面。

翟志勇：数据隐私保护始终面临巨大的不平衡权力结构，每个用户和数据处理者（数据处理平台或公司）之间有巨大的权力差异。用户被数据处理平台或公司支配，但毫无还手之力。即便法律赋予个人隐私保护权利，例如知情权、同意权，实际在行使权利的时候也困难重重或者要付出很高成本，因此大量的用户选择放弃行使权利。

从隐私保护的角度考虑，应该有一种机制平衡这个权力结构，如果能够设计出这样的机制，例如通过第三方对抗数据平台与公司，形成相对平衡的权力对抗机制，个人和整个社会或许能够从数据隐私困境中解脱出来。

英国在 2017 发布的《英国人工智能产业发展报告》中指出：英国促进 AI 发展时，必须考虑 AI 对大数据使用带来的隐私和安全问题，因此提出了数据信托构想。数据信托实际上相当于引入第三方，作为个人数据的受托人，受托人汇聚了大量个人在数据上的权利，成为"数据代理人"，有能力和数据公司讨价还价，可以更好地维护数据委托人的隐私和安全。

英国进行了数据信托实验，例如基于城市停车场数据、城市供暖数据、野生动物保护数据、食品供应链数据等，提出要建立第三方数据信托，处理这些数据。数据信托本身只是一种机制，也需要技术手段来保护收集到的数据。我国"个人信息保护法"中的公益诉讼，某种程度上也在追寻权力平衡。

未来在数据伦理方面，可以提出各种各样的伦理框架、伦理细则，而实施中仍然需要有诸多的第三方介入，独立执行伦理规则，监督伦理规则的执行。展望未来，应引入数据隐私审计、第三方监督、评估等机制。

数据，在今天的信息时代越来越重要，已成为继土地、劳动力、技术、资本之后的第五大生产要素。与此同时，数据的保护也越来越重要，尤其是近年来用户的个人信息安全问题，已经成为公众关切的社会焦点问题之一。2021 年 8 月 20 日出台的"个人信息保护法"，融合了个人信息权益的私权保护与个人信息处理的公法监管，奠定了我国网络社会和数字经济的法律基础。截至 2022 年 6 月我国互联网用户规模已经超过 10.5 亿，在数据安全风险日益凸显的当下，保护数据安全、保护个人信息隐私关系到我们每一个人。

5.3.2 如何看待用户和平台之间的关系

翟志勇：平台与户的关系，不同于传统的企业与用户的关系。平台掌控着用户大量的数据和信息，类似于医生掌握患者大量的隐私。在普通法系里，医生对病人有一种受托人义务。医生要对患者隐私承担保密的义务，而且对患者有忠诚的义务。平台对于用户，类似于医生之于患者，有一种普通法上的受托人义务。我国是非普通法系国家，但至少从基本社会规范和常识判断，平台要对用户承担更多的义务。

洪延青：中外看待信息保护、隐私保护存在细微差别。例如，欧盟的文化传统、经历的二战历史造就了其价值观。欧盟社会观念中，人们始终认为即便是万物互联或大数据的时代，个人也始终应该有对自己数据完整控制的权利。相反，中国的文化传统不同于欧盟，立法不会给个人很多权利。虽然中外都提倡对信息权利的通盘设计，但不同的理念就会导致现实中对权利的设计以及权利对象的范围有细微的不同。个人权利的范围，也有待确定。

5.3.3 价值最大化条件下，如何减少对用户数据隐私的侵犯

曹建峰：相比数据隐私，数据伦理是更大的视角。站在数据伦理角度，既有隐私的考虑，也有安全、公平、透明和可解释等方面的考虑，不同因素的考虑必然会涉及不同价值追求之间平衡的问题。

期望算法自动化决策时消除或减轻算法歧视，就会需要更多地使用个人信息；期望平台能够维护网络安全，能够反欺诈、反盗版，也需要对用户数据进行处理。因此，我们要在数据伦理的大视角下，考虑不同价值的平衡。

在人工智能商业化的层面，算法推荐、自动化决策等场景应用 AI 时，

需要严格遵循用户隐私、知情等权利。但从技术创新的角度看，训练 AI 模型只需要数据输入，不会对个人造成影响，是否可以放宽某些条款？例如自动驾驶算法的开发和运行可能也涉及处理个人信息。从技术的角度，可以更多从匿名化以及数据安全的角度提出一些更高的要求。

区块链、联邦学习等技术虽然可以解决一部分的风险、隐私问题，但也需要有一定的法律规制。并不是把所有的问题都留给技术来解决，法律和技术需要有更高层次的互动。

翟志勇：隐私保护除了依靠法律，还要依靠技术，而且技术可能是更重要的手段。什么样的动因会促使公司开发并使用隐私保护技术呢？除了满足合规要求，公司更看重采取或者不采取某种技术的风险和收益。

如果隐私保护已经成为社会普遍关注的问题，形成隐私保护文化，那就意味着能够更好地提供隐私保护的公司，会在社会中更有竞争优势。这样开发隐私保护技术，不仅仅是合规的要求，也成为获取竞争优势的一种手段。因此，在市场竞争中，公司在隐私技术上如果能够拔得头筹，也是自身竞争优势的提升。所以保护用户的信息和隐私，对于公司、平台，未必只是成本的付出，某种程度上也能获取竞争优势。

许可：个人信息保护某种意义上只有使用才能评价，如果用户无法辨别和发现是否提供了优质的信息保护，会产生经济学中的柠檬市场（信息不对称、劣币逐良币的市场）。解决市场失灵还有几个办法：

1）加强信息披露，要告知用户所有信息。

2）推动第三方认证机制，通过第三方认证机制帮助用户验证是否优质。

3）制定透明、全面的隐私政策。

目前，第一个和第三个手段已经具备，但第三方的认证机制的作用没有得到凸显。未来作为第三方的中介机构会发挥越来越重要的作用。类比证券市场，公众比较相信第三方机构、券商、律师事务所等"守门人"。

5.3.4　如何定义隐私

许可：数据、隐私、个人信息是三个不同的概念。中国的隐私概念是具体人格权的一种，这个语境下，隐私要满足两个条件：1）客观上不被外人所知、保密的状态；2）主观上与内在的人格密切关联。而个人信息与人格关联度不强，例如个人位置信息，在不滥用的前提下，不会对个人造成损害。

此外，隐私往往是主观性的，个人信息是客观性的、能够界定。例如对于年龄是不是隐私，不同的人态度和看法很可能不同。

因此，隐私的定义包含三个特征，首先它是保密的个人信息；其次它是和人格有深刻、紧密联系的个人信息；最后，它往往是主观性的，有非常强的不确定性和灵活性，是事后的，个案式的，没有办法做出普遍性的规定。

翟志勇：应该在不断变化的过程中看待隐私。最初人们对隐私的理解是不公开的个人信息，因为公开之后会对个人私生活造成影响。现在对隐私的理解范畴远远大于最初的定义，因此最新的理论认为，有些个人信息在一个情景之下是隐私，但在另一个情景之下不是隐私，例如电话号码。很多时候很难定义哪些个人信息是隐私，必须放到具体场景之下。而隐私侵犯和控制相关联，如果失去了对信息的控制，可能就会造成对隐私的侵犯。

5.3.5　如何保护个人数据隐私

郝长伟：法律能够发挥作用，个人非常重要。隐私保护不仅要依靠服务提供商、平台来保护个人信息，个人的隐私保护意识也要增强。例如，要了解相关法律法规关于个人隐私保护方面的权利；在使用某项服务时，要了解所提供个人信息的类别和数量是否符合最小化收集的原则。

许可：个人信息保护是系统性的工程，虽然"个人信息保护法"确立了个人信息治理的概念，但个人信息治理要求个人、企业、行业协会以及国家机关、技术社团一起参与到个人信息治理过程之中。个人信息保护是生态治理，不能只局限于某个环节。个人要有数字素养，例如对于不靠谱的网站或 APP，绝对不能提交个人信息，要时刻警惕"隐私的悖论"：所有人都关注自己的隐私，但如果存在利益诱惑，就会让渡隐私权。

个人要注意权利的行使，正如法律中常说"为权利而斗争"，如果隐私受到侵犯，要敢于诉诸法律。同时，个人是群体中的一部分，可以通过群体或社团的渠道和方法行使权利。平台也要开放规则制定，允许平台内的用户，以代表的形式参与到网规和平台规则中，成为吸纳民众呼声、反映个体诉求的重要渠道。

洪延青：对于个人来说，可要注意这三点：第一，使用大品牌的手机；第二，从正规的应用商店下载 App；第三，不要越狱，不要试图自己改装系统。

曹建峰：年轻一代属于网络原住民，隐私素养比较高。要重点保护的是中老年人群，老年人上网会受到一些欺诈。老年人的数字素养和隐私保护意识需要全社会关注和提升。平台产品的适老化设计、社区、老年大学的宣传等都有提升空间。

翟志勇：每个人的个体意识是内嵌到整个社会文化之中的，个体要意识到隐私保护。但如果生活在缺乏隐私文化或者伦理文化的环境下，就很难有这种意识。从整个社会保护隐私的角度看，如何建设隐私文化、伦理文化，是最基础和最重要的。

在今天的技术社会里，个体非常渺小，靠个人力量无法对抗技术侵犯隐私。如果有良好的市场机制，就能够利用市场的"惩罚"力量来保护隐私。而构建良好的市场机制，又需要社会隐私文化氛围的保障。

5.3.6 普通民众如何影响相关的政策制定

洪延青："个人信息保护法"58 条涉及对个人信息处理者的外部监督，很多研究团体可以组织民众自下而上生成对隐私保护的看法或者态度供参考。

许可：无论是个人信息治理，还是讨论 AI 伦理，都必须汇聚公众智慧，形成社会共识。社会共识在形成过程中，必须要有民众的参与。

民众是重要的意见来源，共识的形成也源于民众。那么民众通过什么渠道发声呢？可以组织民间论坛通过讨论传播信息，通过分享信息，影响社会看法。中国的立法环节，都有征求意见的过程，是具有开放性、包容性的，在这个环节中，民众可以积极反映自己的声音，形成民众的意见，最后能够推动相关立法的完善。

新闻媒体也发挥着非常重要的作用，如果形成主导性的公众舆论或者能够唤起更多的讨论与关注，也能够产生影响政策制定的效果。

曹建峰：民众的参与、用户的参与，在 AI 伦理政策发展制定过程之中非常重要。在产品层面可见一斑：如果用户在使用 AI 产品、AI 系统的时候，能够存在一个反馈机制，把使用中遇到的问题反馈给开发者、运营者，开发者、运营者就能进行改进和提炼，逐级完善规则。

第6章

包容性的 AI

6.1 导语

方方，未来论坛理事，香港水木投资集团合伙人，专注于在境内外科技、医疗保健、智能制造和金融机构领域的投资。此前他在摩根大通投资银行工作十三年，历任亚洲区副主席、中国区首席执行官等职；1997 年至 2001 年担任北京控股有限公司副总裁，分管投融资、企业传讯和法律部门。

1993 年于美国范德堡大学工商管理硕士毕业后，他在纽约加入美林证券国际投资银行部，开始其投资职业生涯。方方为十一届和十二届全国政协委员和全国青联常委。他还担任清华大学教育基金会理事和清华大学（香港特别行政区）教育慈善基金执行董事。方方出生于安徽省芜湖市，1989 年毕业于清华大学经济管理学院后曾留校任教。

根据 2021 年 7 月《国务院关于印发"十四五"残疾人保障和发展规划的通知》，我国残疾人总数超过 8500 万。2021 年 5 月 11 日，国家统计局在国新办发布会上发布的第七次全国人口普查关键数据显示，2021 年的老年人数相比 2020 年上升了 5.44%，总人数达到 2.6 亿，是一个庞大的群体。

如何让 AI 科技惠及庞大的鳏、寡、孤、独、残疾者和老年群体，使其经由外力超越物理和生理上的局限、感受生命的美好，正成为政府施政、社会发展、企业成长无法绕过的议题。我们也必须从科技研发与应用、人文法律伦理适用性、社会治理实践等多个角度，加以探讨，寻求共识，付诸行动。

当互联网逐步从实验室走向人们的日常生活，从发达国家逐步走向第三世界国家，覆盖越来越广的人群时，有识之士就提出了"数字鸿沟"的概念，担忧随着互联网技术的应用，全人类在社会生活、经济活动、教育文化、福利保障等领域的发展权利和生存空间不平等会加剧。

当前，人类在信息技术（算法、算力、通信等）和生物技术（基因工程等）的融合推动下，已进入以人工智能技术为代表的智能社会的初级阶段。然而，数字鸿沟虽然在一些领域被缩小了（例如智能手机的普及），但在更多的领域却被放大了，成为人类智能社会演进过程中不可避免的挑战。

未来论坛作为一家科学公益组织，以全面推动科学传播、鼓励基础科学研究突破和产学研资对接融合为己任，在 2021 年率先发起了预测和思考前沿科技如何影响人类未来社会发展的研讨课题，人工智能技术发展与治理成为其中最重要的一部分，进而形成了"AI 伦理与治理"系列研讨会。其中，我们也邀请了学术界、科技企业界、人文法律界、伤残公益组织的代表，就包容性人工智能的定义、技术支撑、伦理法律、生理与心理需求等话题展开讨论。

在参与讨论的过程中，我深深地感受到一个共识，那就是通过人工智能技术的应用，我们的社会和生活环境可以变得对所有人（包括残障人士）更适宜和更平等（物理意义上和社会意义上）。

这首先需要在社会层面上不断改变对"残障"的歧视和误解，让全社会意识到残障实际上是由两部分原因叠加造成的，即人类自身功能和发展的差异原因以及社会和环境的态度和障碍原因。我们只有在对残障有了明确的界定和解析之后，才能针对性地在思维理念、能力认知、社会行动等领域展开平等交流与对话，推动全社会的共识和理解。本次研讨会中的几位学术界领袖和残障慈善团体的代表，都不约而同地指出，如果不能对残障概念有如上的认识，绝大部分人工智能技术不仅可能对残障"视而不见"、加以忽略，甚至还会无意中增加对残障的不公平（如算法歧视）。

其次，我们要在技术层面通过算法、算力和通信能力的不断提升，利用不断迭代升级的人工智能技术，为全社会（特别是残障人士）提供更平等、更包容的解决方案。参加本次研讨会的清华大学未来实验室，在人机交互（视觉、嗅觉、触觉等）、脑机接口等领域开展前沿探索，并积极尝试将人工智能、物联网和人机交互等技术融合创新，形成潜在实用产品，不仅为全球残障人士带来更加平等、便利的认知手段，更可以延伸扩展全人类的认知手段和方法。当今企业界也在积极推动践行环境、社会和治理（Environmental、Social and Governance，ESG）标准，自然应该包括赋予人类（包括残障人士）平等、公正的社会和生活环境的考量，通过企业的研发伦理、投资标准、产品与服务定义体现出来。

以人为本的人工智能技术发展和治理，是一个包罗万象的研究课题，需要跨领域、长周期、大范围的观察、分析、实验和选代改进，这是社会进步的必然方式。本次包容性人工智能的讨论及成果的梳理出版，尽管只覆盖了一个细小的分支，但却是一个很好的开端。希望未来论坛能继续在这个影响深远、意义重大的社会科学与自然科学的交叉领域，发挥出独特优势，提出新观点，推动新实践，引领一代潮流。

6.2 主题分享

如上文所述，我国当前残疾人总数超过 8500 万。任何一个文明社会，都需要讨论和摸索科技进步如何能惠及庞大的残疾人群体，让残疾人经由外力超越物理和生和上的局限、感受生命的美好。

AI 时代，"数字贫困"也成为新的贫困类型。尤其是新冠疫情下，人们进入商场、医院、银行等公共场合，都需要扫码。而部分老人面对就医难、扫码难的问题，几乎寸步难行。如何在 AI 时代，达到公正、平等，使其助力老有所养，鳏、寡、孤、独、残疾者皆有所养，成为不可忽视的社会议题。"包容性的 AI"专题研讨会，顺承前期对 AI 公平性的探讨，从 AI 养老助残的角度，探讨如何减少社会对残障人士认知歧视与误解，思考人工智能应用如何增加对老年群体及残障人群更多关爱与包容的技术解决方案，以期为 AI 发展如何反哺人类命运共同体这一命题提供启发。

主持嘉宾：

方方，未来论坛创始理事，水木投资集团合伙人

主题分享：

"无障碍和平等参与"——崔凤鸣，哈佛大学法学院残障项目中国部主

任，中国人民大学法学院兼职教授

"从爱到 AI 的变与不变——残障何以作为'人'的尺度"——蔡聪，残障历程发起人，上海有人公益基金会理事，一加一残障公益集团合伙人，中国残疾人事业发展研究会理事

"无形的障碍与人工智能"——邵磊，清华大学无障碍发展研究院执行院长，清华大学建筑学院住宅与社区研究所所长、长聘副教授、博士生导师

"面向无障碍应用的设计创新"——徐迎庆，清华大学长聘教授，清华大学未来实验室主任，清华大学美术学院教授

"人工智能创新发展与伦理治理"——杨帆，商汤科技联合创始人、副总裁

6.2.1　无障碍与平等参与

崔凤鸣，2003 年获南京大学高等教育学硕士学位，2008 年取得美国波士顿大学特殊教育学博士学位；自 2008 年 6 月加入哈佛大学法学院残障项

目（The Harvard Law School Project on Disability，HPOD）至今，一直担任其中国部主任。同时，她还担任中国人民大学法学院兼职教授及中国人民大学残疾人法律诊所的高级研究员。其主要研究领域为受教育权及融合教育、家庭参与和支持体系、主体平等参与系统研究、残障与社会可持续发展、残障研究、教育与政策、比较特殊教育法等。

无障碍和平等参与侧重两个方面。第一，无障碍的宗旨和目的是为了平等参与，此时无障碍是实现平等参与的手段；第二，无障碍的发展和促进离不开平等参与，残障以及其他需要无障碍的服务群体的平等参与在无障碍的促进方面起到至关重要的作用。

其中残障受障碍认定、责任归属、能力主义、刻板印象等几个要素影响，平等参与奉行不受功能差异和其他因素限制的原则，此外，交流、语言以及通用设计在无障碍和平等参与主题下扮演着重要的角色。

1. 基本概念和原则

残障的认定和责任归属如图 6.1 所示。在功能和发展的差异性层面，不同类别的残障或有其他限制的群体，其自身功能上的障碍和所面临的态度、所处的环境等各方面的障碍共同构成了残障的概念。而 AI 需要解决态度和环境障碍中的问题。

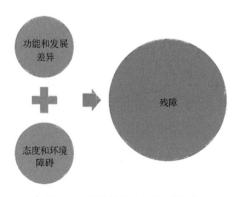

图 6.1　残障的认定和责任归属

障碍认定和责任归属认定存在一个历史变化过程，世界范围内对功能差异性的拒绝经过了长期的过程。在这个过程中，有诸多的人，包括残障人士，以及他们的家庭和社区，共同努力推进这方面的认识的变化。残障的责任归属问题非常重要，它的焦点过往错误地聚焦于功能和发展性差异的消除而非外部环境和态度障碍的消除。因此，对概念的认定和对障碍的识别是确保 AI 能够朝着融合和可持续发展方向发展的关键。

问题的界定、发现以及解决与 AI 技术的可持续发展息息相关，要克服的是能力主义和刻板印象给融合带来的长期而隐晦的影响。能力主义是一种按照特定的标准衡量人的健康、效率、美和生命价值的根深蒂固的价值观系统。在其影响下，具有功能性和发展性差异的人的能力被所处环境偏狭地排除在可接受范围之外，导致他们普遍受到长期的排斥。

能力主义导致的刻板印象在 AI 领域会导致涉及残障群体的偏见、公平和算法正义等方面的许多问题。这些问题可能隐性存在，难以被发现，存在于很多人的观念中。

融合性的 AI 开发和创新可以关注到包括残障在内的人的多样性，避免系统设计聚焦所谓的主流群体而排斥和损害非主流群体的权益，在系统中消除内在的对残障群体的偏见和排斥。

因此，以无障碍和公平为原则的融合性 AI 系统才能保障公平和自主性，避免因个人使用技术的差异性而产生障碍。

关于交流、语言及其通用设计，联合国的《残疾人权利公约》第二条有非常明确的描述："交流"包括语言、字幕、盲文、触觉交流、大字本、无障碍多媒体，书面语言、听力语言、浅白语言、朗读员和辅助或替代性交流手段和模式，以及无障碍信息和通信技术。

因为信息科技的发展超乎想象，所以上述概念一定是发展性的，同时也属于常态的交流，只不过因为能力主义的影响，交流的影响局限在既定的刻板印象概念下。

"语言"包括作为语音语言的口语、手语及其他形式的非语音语言。

"通用设计"是指尽最大可能让所有人可以使用，而无须做出调整或特别设计的产品、环境、方案和服务设计。"通用设计"不排除在必要时为某些残疾人群体提供辅助用具。上述三个概念给 AI 走向融合发展提供了空间。AI 服务的群体是所有人，它应该把所有的人都看作有不同的需求和发展性差异的人。

明确概念后，与信息技术无障碍相关的常见问题有哪些？这些问题国际范围内普遍存在，不同的环境中存在如下差异性体现。

1）信息技术的发展过程中，忽略残障群体的需求和对他们的需求想当然臆断的情况都存在。

2）AI 的发展与对多样化生活体验的重视之间的距离在残障方面体现得尤为明显。这个问题使 AI 不仅无法很好地促进无障碍和合理便利，而且加深了偏见和歧视等深层次障碍。

3）因为残障融合和参与意识的不足，人们对 AI 影响残障群体的常见问题的认识还很有限。

2. 无障碍与合理便利

无障碍从宏观的角度考虑态度、环境和制度三个方面的障碍，追求的目标是普遍性、通用性、可及性、可持续性和合作性等；合理便利解决的是在实现平等参与的过程中满足必要和适当的个性化需求的问题。

无障碍和合理便利的核心目的都是要实现平等参与；无障碍和合理便利都是平等参与的必要条件，缺一不可；无障碍和合理便利均奉行多方参与的原则，尤其是有不同残障的人士及其代表机构的参与。

综上，建议以社会融合、人的独立自主及多样性发展为目的，以信息科技及其应用的开发与创新为手段的建立并持守（共生的）关系；在以人为本的 AI 系统建立和发展的过程中，吸纳不同残障类别的人士作为团队核心成员参与，减少技术服务人的局限性，增加对需求的了解和并培养能够滋养融合 AI 的企业文化；残障人士代表机构的平等参与，可以增进对残障相关需求的了解，这方面其核心作用需要得到 AI 行业的重视，建立起常规的参与机制，才能获得技术开发创新和多样性需求双赢的结果。

6.2.2　从爱到 AI 的变与不变：残障何以作为"人"的尺度

　　蔡聪，男，视力障碍；残障历程发起人，上海有人公益基金会理事，一加一残障公益集团合伙人，中国残疾人事业发展研究会理事，哈佛大学法学院残障项目培训师，联合国促进残障权利伙伴关系中国项目课程开发顾问，网络综艺节目《奇葩说》第四季辩手；2010 年加入中国本土残障人士组织一加一残障公益集团，关注并致力于公众残障意识的提高、残障社群文化的研究与传播、促进中国残障人士权益保护。

2010 年至 2012 年间他担任中央人民广播电台中国之声《残疾人之友》栏目的编导；2013 年，创建并主持编辑中国残障社群第一本自媒体读物《有人》杂志，先后主持编写《残库》系列案例集、《印刷媒体报道残障的观察报告》（2008—2012）、《中国残障人观察报告 2014—2015》《中国残障观察报告 2016》等出版物，并参与编写联合国《残疾人权利公约》中国履约情况"一加一"报告等；为联合国促进残障权利伙伴关系中国项目开发无障碍与科技、融合教育、媒介报道、性与生殖健康等主题下的残障平等意识培训方案，为特殊奥林匹克东亚区研发并主讲残障意识基础课程。

1. AI 助残的现状

人工智能技术的发展在帮助人类突破原有的局限或消除障碍的过程中，因其理念偏差，存在力所不及之处。

残障和 AI 之间的关系要在日常话语体系下讨论，即 AI 如何帮助残障人士。巧的是 AI 这个简写刚好是"爱"的拼音。图 6.2 展示了两个关于爱的真实例子：1）一位坐轮椅的女士通过外骨骼技术的帮助，站着完成了婚礼。2）一位视力障碍的父亲通过智能眼镜"看到"世界，从而更加"独立"地完成了孩子的愿望。

图 6.2 （左）AI 赋能完美婚礼；（右）智能眼镜赋能多彩世界

在图 6.2 的两个例子中，人工智能技术是作为一个拯救者、一个传递爱的角色进入残障人群中的。可是这看似拯救了残障人士一时，是不是却否定了其一世呢？无法站起来的新娘不是合格的新娘，看不见的父亲不是称职的父亲？当残障人士遇上人工智能，什么是正常的标准往往是以 AI 及其背后的人为准，结果可能是其实"AI 你不懂爱"。例如，在现实中，手语 AI 翻译是不是可以真正在日常生活中发挥作用呢？其实也存在技术局限性。普通的中英文文本和语音转换功能 AI 尚不成熟，手语因其通用性、方言和抽样词汇的关系，以及人的表情、肢体动作等的复杂性，AI 技术无法达到预期效果。AI 即使提供了许多帮助，也并不能够完全拯救听力障碍者解决交流沟通问题。

　　另一个例子，有一种"电子棒棒糖"（见图 6.3）能够帮助盲人感知光线，但这个棒棒糖真的解决问题了么？"电子棒棒糖"其实就是棒棒糖样子的电极，盲人把电极含在嘴里，通过电极外面的摄像头和盲人背在身后的处理器处理环境中的信息。信息经处理转换成电信号，刺激盲人的舌头，然后盲人通过舌头感知电信号，帮助其理解外界环境、躲避障碍。

图 6.3　电子棒棒糖

　　盲人佩戴"电子棒棒糖"，首先嘴里需要含着棒棒糖，其次需要背着设备。这意味着，原来他们是默默走在人群中，而现在成了人群中"最靓的仔"。再多想一下，盲人含棒棒糖会不会流口水？摄像头对环境进行拍摄之后，处理器如何把复杂的视觉信息转换成电信号？设备和盲人的交互效果如何？这些问题都需要考虑。

　　机器导盲犬（见图6.4）同样存在技术问题。当它带领盲人出行时，因为关节和承重的问题，遇到障碍，尤其是上下台阶时，会遇到很多麻烦。同时，机器并不一定要做成狗型，只不过是大家对导盲犬有刻板印象。

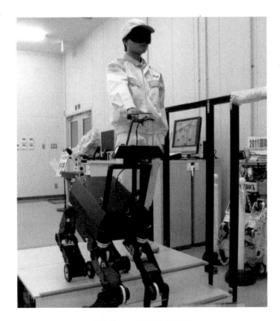

图 6.4　机器导盲犬

　　外骨骼机器人、盲人眼镜、手语翻译、电子棒棒糖、机器导盲犬等事物的出现，似乎预示着技术发展，某些无法克服的障碍已经克服，残障人士的春天好像到来了。但在现实生活中，绝大多数以 AI 为名的产品在残障人群中都受到大量的诟病。如上文所述，我国残疾人总数超过 8500 万，如此庞大的市场，却无法诞生高质量的产品。其原因是，没有理清残障和 AI

的关系。

技术虽然在发展，但传统观念仍然没变，当用 AI 解决助残问题时，产品或服务方往往把对方当成一个不正常的居民、有缺陷的个体。类比《轮椅王国历险记》的故事，可以发现这是社会观念的错误：有一个轮椅王国，其中一切都是根据轮椅使用者设计的。突然一天来了一群站立着的人，城市中的一切都不适合他们，善良的原住民就给他们准备了头盔和背带，并且建立了关爱日，还要给他们建设特别的收容中心。最后站立着的人意识到这不是自己的错误，而是轮椅王国的错误，是轮椅王国没有接纳他们的差异。因此，头盔和背带是不是他们真正需要的？即使他们被规训得以为自己需要，但这能不能真正起到作用？

回到开始的残障新娘案例，其实她能够站起来，也是勉勉强强站起来的。这时候设计者把人当作一个技术的客体，用技术扶持一个人，在展现技术的力量。一个人站起来才是正常的，设计者是这么相信的。但即使在那一刻这位新娘因为技术站起来了，在生活中她是否真正能够站起来？就算能，是不是真正意义上的"站起来"？想象一下我们看到盲人含着棒棒糖、背着大背包走在路上的样子。他会不会觉得自己已经是所谓"正常"的人？还是仍是一个异类，一个不正常的人？

视力障碍、肢体障碍、听力障碍是缺陷、是问题？还是我们要把有这样那样缺陷的人士当作生活的主体，把这些缺陷作为与我们与众不同的差异去尊重？为什么只有站着的新娘才是正常的新娘，才是完整的新娘？

现有的服务视力障碍群体的产品设计，更多关注的是如何用模拟看见的方式去规避障碍，但为什么不能去接受看不见的样态是非视觉的系统，而去配合这种状态下的需求？比如有时候路上的障碍也不全需要躲避，反而是视障人士可以用来获取信息做出决策的参考因素。因此，包容性的 AI，是社会要包容大家，大家都是客体。

AI 技术现阶段不具备人类这样的反思能力，但又在向人类学习。在底层抓取数据的时候，它学到的是排斥、歧视，获取的是以缺陷视角看到的数据。

技术在变，但如果不反思观念，内在就不会改变。所以要看到不变的是人和技术之间的关系，要进行人和技术之间谁是主体的思考。

2. AI 真正应该起到的作用

AI 可以做的是让残障人士勇敢地迈出第一步，回到真实的环境中，敢于和环境互动。例如，用 AI 技术帮助中途失明的人，要帮助他通过听觉和视觉和这个世界互动，而不是把自己沉浸在"我如何能够重新看见"的困局当中。

所以，首先 AI 助残不能仅局限于残障，要有主体视角，以人为本。人作为一个有机的整体，很难接受被外来的机器完全主导，当技术服务于助残的时候，需要看到存在差异、值得尊重的有尊严的个体来支持，而不是局部性地修复他的缺陷，却整体否定他的人格。

其次，要有优势视角，多元得益。残障人士不仅仅是被帮助的个体。要从人遇到局限的角度出发，思考到底什么样的设备和装置可以让更多的人受益。残障人士和普通人互动时，会有很多局限，但换成优势视角，把这种差异的优势充分发挥出来，就可以和 AI 共同成长。

最后，要从社会视角，参与融合。看待残障时，不应该把它作为缺陷和个人的问题。如果把它看成是社会环境中的障碍，这样就不是居高临下的爱、拯救和包容，就可以思考社会环境怎么改变和融合。

从残障的角度出发思考人工智能伦理与治理的问题，首先可以思考一下人类对残障的理解是什么样的？从残废到残障、到看成是差异，真正值得尊重的人是什么？到底什么是抽象意义上的"人"？未来随着人工智能的发展，究竟什么样的人是人？现在拼成绩，到未来拼芯片，拼基因？

　　会不会有一天人工智能成为和我们一样的抽象意义上具有法律人格的人？人和机器的关系会是什么样的？技术飞速发展，伦理就是技术发展、社会发展中的刹车，让技术和社会的车轮能够慢下来，让我们有机会共同探讨一些本原的问题。毕竟我们知道整个宇宙的发展方向是走向衰亡，人的一生最终还是走向消散，终点是一样的，不妨一起慢下来共同思考，思考人工智能发展的过程中、包容性伦理和治理演进的过程中，到底变的是什么、不变的是什么。

6.2.3　面向无障碍应用的创新设计

　　徐迎庆，清华大学长聘教授，清华大学未来实验室主任，清华大学美术学院信息艺术设计系教授，教育部"长江学者奖励计划"特聘教授，中国计算机学会会士、中国美术家协会会员。他在沉浸感知与交互设计研究、触觉认知与交互设计研究、文化遗产的数字化以及自然用户界面设计与研究等领域开展教学和科研。

根据世界卫生组织的统计，全球视力受损人口大概 2.85 亿人，全盲患者大概 3600 万人，其中儿童大概 1900 万人。英国《柳叶刀》杂志在 2017 年指出，到 2050 年全球全盲人数可能会增加至 1.15 亿。

视力受损人群非常渴望能看见，图 6.5 所示是一个盲人学生，虽然她只能感受到屏幕上的一点点光，但每次她都把眼睛贴在屏幕上，渴望着与外界的交流。

图 6.5 盲人"看"电脑

目前，在盲文学校里，主要使用的文字是盲文，中国盲文主要基于拼音系统，以"陶罐"的拼写为例，如图 6.6 所示：红色圈的是陶，绿色圈的是罐。

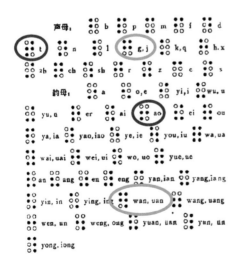

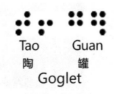

图 6.6 中国盲文示例

在盲人学校，盲人学生的学习安排和普通学校里学的东西几乎是一样的。例如，他们也要学习艺术设计、音乐、物理、化学，教学材料如图 6.7 所示。

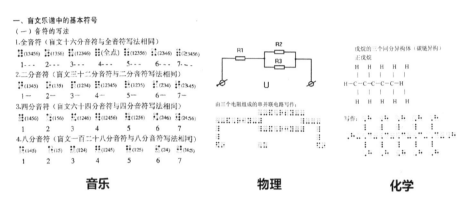

图 6.7　盲人学校教学材料示例

盲人学校以往使用的图形相关内容的教材，可以通过微囊纸、热敏纸打印，通过热塑凸凹不平的图案、触点打印表达一些图形。这种通过多种材料制作的教学材料存在的问题是：制作很烦琐，容易受损，不易存放。但几何、电路等需要图形表达的知识，如果没有图示，很难理解。尽管现在有一类盲人点读机可以帮助盲人阅读盲文，但是对图形的表达无能为力。

触觉图像和视觉图像有所不同，盲人对同一个图像或者对象的表达和认知，与正常人有所不同。针对这个问题，需要通过对影响触觉图像识别的因素进行量化分析，提出适合触觉认知的触觉图像设计的准则。清华大学根据以用户为中心的交互设计原则，进行视障人群用户实验，发掘视障人群交互心智模型与交互设计方法，提出了基于内容 – 位置匹配的触觉交互设计方法，通过实践，提升了视力受损人群在交互决策中的效率。

图 6.8 所示为我们研发的大幅面触觉图形显示器，名为"龙门 H 型平

面触觉引导滑台"，具有 7200 个触觉单元，支持高精度触感盲文和图像，可以帮助盲人更好地学习和理解一些基于图形表达的知识。其设计原型类似小课桌，桌子左边有一个小框，相当于电子标签，如果在学习中离开，能够保存。桌子上面还有音响、USB 口、耳机，等等。

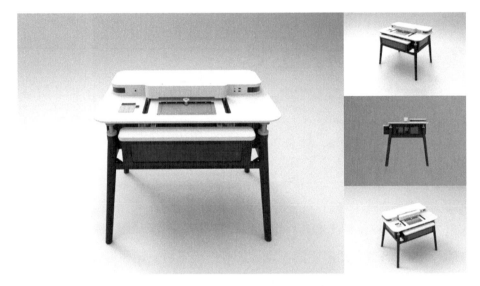

图 6.8　龙门 H 型平面触觉引导滑台

该图形显示器可以覆盖义务阶段的教科书，盲人学校的师生可以更高效地教学和学习。它可以上网，为不方便在校学习的盲人提供一站式平台。利用目前的 AI 技术，它几乎可以把所有普通图书转成盲文版，包括一部分插图。

有图和无图，对知识理解非常不一样。我们开发的课本中，有一些字形图片，可以帮助盲人学生更清晰地感受到文化的发展、更好地理解汉字的形态。虽然盲人学校用的是布莱尔盲文，但每位盲人师生都有学习汉字字形的需求和愿望，对他们来说，汉字更像一种图形图像。触觉图形显示器能够通过这种图形图像，帮助盲人更好地理解文字的内涵。

上述图形显示器的研发耗时十年，无障碍应用任重而道远，我们也在

积极努力地探索如何帮助失聪的朋友欣赏音乐、帮助老年人保持心态积极和健康。相信只要大家不懈努力，每个人都能够为无障碍应用的发展做出自己的贡献。

6.2.4 无形的障碍与包容性人工智能

邵磊，清华大学建筑学院工学博士，清华大学建筑学院长聘副教授、博士生导师、住宅与社区研究所所长，清华大学无障碍发展研究院执行院长，长期从事城乡居住问题的研究，聚焦融合共享的包容性环境需求与建设，涉及无障碍、老龄化、通用设计等多个方面。其学术兼职包括中国规划学会理事、中国建筑学会建筑师分会理事、残疾人事业发展研究会常务理事，中国养老服务与社会福利协会常务理事，康复国际（Rehabilitation International，RI）无障碍技术委员会委员、全国无障碍环境建设专家委员会委员、2022 年冬奥会和冬残奥会无障碍专家组专家委员等。

2016 年他参与发起并创建了清华大学校级研究机构——清华大学无障

碍发展研究院，针对残障、老龄、儿童等群体的包容性发展议题，开展跨学科、跨领域的人居环境和工程技术创新研究；2019 年 5 月因研究院被国务院授予"全国助残先进集体"，受到习近平总书记等国家领导人接见。

无形障碍是约定俗成、存在于人们心里的观念。障碍在技术社会发展过程中不断变化，同时现在和人工智能技术、包容性发展也息息相关。

在纽约，曾有一个标识引发了巨大讨论。当时人们试图用一个新的符号即红色的轮椅符号，替代人们已经非常熟悉的旧有的无障碍符号。旧符号是全世界统一的 ISO 标准，已经"家喻户晓"。但为什么要做出改变？这代表了很多人对无障碍残障的思考，发起人认为旧标识已经太普及了，人们有时候已经视而不见，所以希望通过艺术的设计，给出更加积极和活跃的呈现样貌。

从这个例子可以看出，文化、艺术能够推动全体社会成员参与到推动平等、无障碍的工作中。在残障问题、无障碍发展问题上，文化、艺术甚至情感扮演着重要角色。

在组织大型会议时，组织者会让场地尽可能具有包容性。但怎样的会议场地、会议条件是包容性的？设想一个会议室，左边有实时的字幕，右边有手语翻译，中间还有大屏，对比度达标以实现信息无障碍。即便如此，也无法给出实时字幕。因此，在技术上如何做到更包容，这是值得思考的问题。对于障碍而言，可以看到、摸到、感触到的可能会是障碍，但也存在不易察觉的障碍。

在很多情况下，为了提高效率，人们往往采取多数原则。但在平等参与的问题上，少数人同等重要，甚至就一个人，也同等重要。少数人可能为多数人。例如老龄化问题中，老人原来很少，现在很多，那么过去的技术框架、分析框架、治理范式是否还适用？

障碍是个变化的动态范畴，它有绝对的方面，比如基于平等参与、公平正义消除障碍。也有相对的方面，例如不断要求能不能更好一些、能不能更多一些。这是伴随着技术进步、社会发展，不断"在路上"的过程。而对于有形、无形的理解、对相对和绝对的理解，正是今天技术创新和进步要不断锤炼和思考的方向。

针对上述问题，清华大学无障碍发展研究院立足跨学科视角，融合计算机、机械制造、工业设计、建筑学、继续教育等方向探索无障碍路径。例如史元春团队把人工智能技术应用于输入法，开发出 VIPBoard（见图6.9），帮助视力障碍人群精确输出文字。

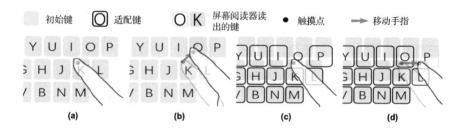

图 6.9　VIPBoard 用户输入示意图

据悉，该技术能在不改变现有交互方式的情况下提高读屏软件键盘输入能力。用户实验表明，相比用普通的读屏软件中的键盘，使用 VIPBoard，用户输入的错误率可以降低 63%，文本输入速度可以提升 12.6%。

从学术维度看，研究人员经常面对的问题既有学术驱动的，也有技术驱动的。对于不同需求主体的个性化响应和回馈，尤其是肢体功能障碍的康复，每个人都有个体差异，如何通过不同的模式对康复进行训练，需要对数据、算法有个性化的理解。

如果以需求驱动，研发人员可能会不断发现理解的不完整，需要更深层次、更底层、更坚实的逻辑。当今时代面临着个体和群体之间的关系，面临着标准化和个性化的关系，面临着定制和规模化的关系，还面临着个性化和标准化的关系。

面对上述情形，需要把人、信息和算法等相关的信息引入。以孤独症为例，孤独症谱系障碍导致患者和社会外界的沟通被切断了。2019 年发布的《中国自闭症教育康复行业发展状况报告》显示，中国自闭症发病率达0.7%，当年已约有超 1000 万自闭症谱系障碍人群，其中 12 岁以下的儿童约有 200 多万人。如果能够早期干预，能够在 3 岁之前就介入，就能够很早确定病情，针对性地进行评测、互动、干预，进而很好地缓解病情。

引入互联网和数字化技术，可以检测孩子在互动时有没有眼神回应，他人问询时有没有语言反馈，提出问题时能不能正面回答，再将行为信号的捕捉、观察、比对和综合判断等逻辑和结构化问题交给人工智能去解决，像其他行业应用一样。现在，孤独症筛查诊断、评估和康复等工作正在经历一场转变——从原来的劳动力相对密集的行业向科技驱动的行业转变。

目前已有面向孤独症儿童的 AI 筛查和辅助诊断系统。这种系统能够基于音视频中的人脸和人体行为检测比对，通过分析家长上传的视频片段，生成早期风险筛查报告。其目的是降低早期筛查成本，帮助医疗专业人员开展快速准确的孤独症筛查及诊断，通过数字医疗快速构筑基层的筛查体系，助力孤独症谱系障碍早发现 – 早诊断 – 早干预的全流程管理。除了 AI 筛查和辅助诊断以外，清华大学无障碍发展研究院也深度参与孤独症儿童数字化评估系统（比如：VB-MAPP）、康复机构数字化赋能（比如机构管理 SaaS 平台）等多个产学研项目。

现阶段人工智能技术确实可以让人的工作变得更容易，更无障碍。例如，AI 筛查和辅助诊断系统之于医生，数字化评估系统之于康复教师。从病因、病状维度来说，孤独症的核心是社交能力的缺失，通过人机游戏交互的形式进行康复治疗，目前尚在探索阶段，需要更大规模的实证和循证研究。

目前的问题在于，大规模的样本、大规模的循证和实验还处在研究阶段。而且 AI 的依据是信息、数据，其背后的网络安全、数据隐私、技术伦理方面的框架，无论在国内还是全球都是亟待发展的领域。

宏观上看，现在社会需要的公共服务，在更好、更包容的智能社会治理创新过程中，需要明确成本由"谁"来承担，是国家、社会，还是企业、个人？目前对此问题的讨论还处在起步阶段。

6.2.5　人工智能创新发展与伦理治理

杨帆，商汤科技联合创始人、副总裁，清华大学人工智能国际治理研究院战略合作与发展委员会副理事长，中国人工智能学会常务理事，深交所产业咨询专家，多个行业组织专家顾问。

他担任商汤伦理与治理委员会主席，参与伦理相关原则的制定、伦理理念宣传、以及相关 AI 治理措施的落地；带领团队在多个行业实践"AI+

产业"创新模式，首倡并落地城市级视频分析中心；与中国移动、小米、本田等战略客户达成重大合作，主持集团申请国家新一代人工智能开放创新平台，主导规划并牵头负责商汤的人工智能计算中心业务，落地数十亿规模自动识别与数据采集项目。

杨帆现在于清华大学攻读博士学位，曾长期就职于微软亚洲研究院，广泛参与微软全球主要产品研发。

在技术发展过程中，一方面其本身要发展，另一方面对于伦理、治理的关注，也是非常重要的，目前世界各主要国家对这方面都非常重视。

具体到 AI 产业，今天的技术发展会带来很多好的方面，但也带来很多挑战需要关注和解决。我们今天看得到 AI 领域的风险有数据风险、算法风险、社会风险。

数据风险包括数据隐私风险和数据质量风险。数据隐私风险主要源于 AI 系统开发、测试、运行过程中存在的隐私侵犯问题，这类问题是 AI 应用需要解决的关键问题之一。数据质量主要指 AI 的训练数据以及采集过程中的潜在质量问题，以及可能导致的结果。数据保护主要指人工智能开发及应用企业所持有数据的安全问题，涉及数据集、传输、存储、使用、流转等全生命周期，以及人工智能开发和应用等各个环节。

算法风险基于算法的使用过程，需要从算法的自主性特征、应用场景和归责困难三个方面理解算法的伦理问题。

社会风险是由于人工智能是一种与传统技术完全不同的技术体系，它势必为人类社会带来深刻的改变。例如"数字鸿沟"，技术在进步的过程中，因为不同的群体对其吸收、学习的能力有所不同，可能会导致他们对技术的利用能力出现差距。

可以看到，技术进步从整体上给人类带来更大生产力。但需要思考的是伴随技术浪潮而来的挑战和困难应该用什么方式去应对。

面对 AI 潜在的风险，应该本着"发展"的 AI 伦理观，发展负责任且可持续的 AI。应该遵循如下三个原则。

1）可持续发展。当社会能够更好地推动技术在"善"的方面的应用，并且把这种应用持续扩大，提升整个社会的生产力，长期来看它会给整个社会带来更大的回报。目前的环境和生活，虽然有很多问题，但与 500 年前比已有长足的进步。

2）以人为本。追求不同文化之间的道德共识，追求可持续发展，并推动技术发展，需要遵循以人为本的核心观念。试图去帮助残障人士解决问题的时候，首先要关注主体和客体，要更加设身处地理解主体的困难和需求。

3）技术可控。对技术的理解和对技术产生的结果能否很好地控制，如何确保技术带来正向的结果？同样值得关注。

上述三个原则，企业的视角，很难都覆盖到，需要学术界专家，包括社会学专家、法律学专家，给出更多独立的视角和观点，参与到 AI 伦理治理过程中，并指导企业的伦理治理工作。从原则确立到规则确定、再到具体执行的落实，企业需要能够有效地吸纳外部的意见。

如何用原则指导行动？以商汤为例，商汤内部建立了一整套的管理体系，从产品研发之初的项目审批，到研发过程，再到发布、运营，有持续的监督流程，监督是否符合伦理原则，全环节、全生命周期地进行系统性关注。

用伦理原则指导实践，在这方面，企业有大量的真实环境，应结合学术界专家的意见一起探讨，把案例变为数据库，把更多的议题纳入到体系内共同思考，从而形成标准为社会所用。

此外，我们也应致力于减少数字鸿沟所带来的影响和问题。除了用 AI 帮助提升教育的效率，还要考虑如何把人工智能的新技术、新概念、长处、不足，以及更加细节的理念和概念告知更多的人，包括下一代和相关专业人员。

例如，企业帮助职业院校开设专门的 AI 相关技术课程，把新技术对从业人员的能力要求，变成实践性的课程，帮助学生更好地学习到最新技术和新技能，也帮助他们取得更好的成绩。

技术总有提升的空间，在用技术去推动包容性社会建设的过程中，遇到的现实问题如何解决也是需要全社会共同考虑的事情。比如养老，市场上已经有很多解决方案和产品，但仍然存在许多不足。原来有公司会花钱雇一些人，模拟跌倒，把视频拍摄下来作为数据训练模型。但老年人跌倒的方式和健康的中青年不一样，难道要雇老人去跌倒吗？这就涉及伦理道德问题了。

以往 AI 技术涉及特别复杂的技术流程，研制算法、推动技术的进步需要非常高的成本。怎样降低成本，推动更多技术的发展呢？还是以养老为例，业务可能涉及几十上百个技术点，怎样兼顾效益和最终的服务效果，这就涉及整个产业的发展趋势：通过更大的模型，训练出更加通用的 AI 模型，用更少量的数据快速解决碎片化的问题，满足各个环节的需求，创造价值。

6.3 主题对话：包容性 AI——以人为本

对话嘉宾：

崔凤鸣，哈佛大学法学院残障项目中国部主任，中国人民大学法学院兼职教授

蔡聪，残障历程发起人，上海有人公益基金会理事，一加一残障公益集团合伙人，中国残疾人事业发展研究会理事

徐迎庆，清华大学长聘教授，清华大学未来实验室主任，清华大学美术学院教授

邵磊，清华大学无障碍发展研究院执行院长，清华大学建筑学院住宅与社区研究所所长、长聘副教授、博士生导师

杨帆，商汤科技联合创始人、副总裁

6.3.1　什么是包容性 AI

崔凤鸣：包容性 AI 最核心的理念是平等，是双方平等，而不是有人在中心，有人在边缘。涉及三个关联的概念：包容、融合、通用。

"包容"指不存在主流群体占据比较重要的位置，边缘群体站在辅助的位置，而是所有的人都在平等的起点和层面，在创造融合性的社会方面，人人都做出不同的贡献。

从融合的 AI 走向通用设计的 AI，这也是可以期待的。例如，语音信息识别最早是为了听障群体通信的需要，现在已经成为很多人使用的工具。

邵磊：回归本原，需要重新审视 AI 本身要面对的是什么问题，融合 AI 需要进行加法还是集合？这需要底层意义层面的本体论或者哲学思考。在发育的框架下如何识别、预测、评价，不会把新生儿作为外来物，为什么把有障碍的人士作为外来物？

蔡聪：当今的世界，视觉为中心越来越明显，视障人和他人互动的时候经常遇到困难。例如，正常的 PPT 展示无法让视障人士"读懂"。包容性还是要真正为人的需求服务。怎样为人的需求服务？首先要看到人的不同，要看到历史的发展把残障人士变成了他者。如何能够放下以技术为中心的傲慢，是个问题。

杨帆：包容性 AI 有两点非常重要，首先，要关注到各个层面的各个群体，了解他们的问题，并满足他们的诉求。技术并不是万能的，很多事情

是技术解决不了的，人的认知难免有偏见，所以要充分关注和了解。其次，当解决问题的时候，怎样形成合理的机制，去调动更多不同背景、不同理念、不同认知的人一起做事情，以解决问题作为出发点，更好地形成合力，这也是包容性很重要的方面。

徐迎庆：所谓包容性设计，并不是专门为某一类群体设计。根据英国标准协会的定义，包容性设计是一种不需要"特别"的设计。包容性 AI 有非常不一样的地方。它包含很多内容，例如为更广泛人群设计。目前 AI 主要应用在消费市场，场景包括图像识别、机器翻译、自动驾驶、智能医疗、信息教育等，有一些技术路线已经趋于成熟，开发成本也相应降低。从设计师的角度看，AI 的目光可以转向更广泛的人群，引进创新设计的责任评估机制，开发更稳定、可持续的智能产品和系统。

AI 还可以帮助更深入的无障碍设计，对人类的行为、意识、情绪感知进行计算。在进行无障碍设计的时候，除了设计物理的辅助用品和环境之外，从情感认知的角度去更加深入地理解用户的情感与认知，提供更加人性化的服务，这是未来 AI 能带来的更好的一方面。包容性的 AI 有很大的发展空间。不过 AI 依赖大数据，大数据本身隐藏着一些数据和现实噪声、社会偏见以及数据杂乱无章的问题，也导致了 AI 所面临的困境。

6.3.2　如何考虑包容性 AI 的成本效益

崔凤鸣：首先要关注每一个群体，例如要从更深远的角度考虑成本效益问题，例如所有的社会成员在 AI 技术的辅助下，能够平等参与社会的发展，施展他们的才能，为社会做贡献。这种角度下的成本效益计算方式不同于"绝对成本"的考量。

涉及残障问题时，一直都存在有限的资源如何分配的问题。不仅是在

AI 方面，在残障人士的教育、康复、就业各个领域都涉及同样的问题。比较主要的观点一直都认为要把支持残障的事业放在福利的体系下，因为这个群体本身能力有局限，所以要让他们接受福利的救助。但目前在世界范围内，问题已经不是成本，而是如何把钱用在正确的地方。真正核心的问题是，投入了很多的资源，是否能让群体受益，同时让社会共同受益，产生双赢的结果。

邵磊：社会面临非常多的公共利益问题，非常多的社会可持续问题，不能用简单的市场逻辑或者福利逻辑考虑问题。在市场的发展过程中，国家、政府、福利以某种方式进行互相促进、互相激励，不光是残障科技的问题。

未来的社会需求会发生变化，支撑社会的结构性的要素也要调整。所以要跳出固定逻辑，在更大范畴寻找新的范式。但不管在怎样的治理结构下，都需要填补这个空白，尤其是在成本分担和金融支持层面需要找新的模式，目前全世界都在按照自己的历史路径进行探索。

蔡聪：究竟什么是效益、什么是利益，从新的范式出发这值得思考。衡量成本和效益的过程是不是本身就是将人的需求和人的价值异化的过程，这是需要思考的。在新时代下，商业要思考其利益到底是什么。《道德、法律和公司：公司社会责任的成人礼》一书讲到，弗里德曼时代提出企业唯一的利益就是为股东创造利润。到了今天，对公司来说商业的本质要回到向善，公司从所谓做好事的角度出发，要跳出边际成本和边际效益的藩篱。

杨帆：问题分长期和短期。长期是持续性的过程，要考虑整个社会的运行。目前我国已经逐步形成共识，所有的事情都只计算商业回报，不会是最好的答案。经济回报之外的东西，需要社会各界一起推动和改变。从我国的大环境来看，关注社会责任、愿意去付出的企业，同时也能够获得社会更多的认可。

徐迎庆：无论是今天的无障碍产业还是未来 AI 无障碍产业的发展，由于其产业的特殊性，其出发点不是把盈利作为首要需求。另外，和其他产业一样，如果企业不能产生利润，完全靠别人投资，可能也无法保证可持续良性发展。我们知道，无论做什么企业，从商业角度来讲，必须要有资金或利润才能保证企业的生存与发展。全靠别人来捐款、来扶持，长期下去也会有风险。一个企业的成本不仅是资金的投入，还有政策的扶持、用户和社会的关注。考虑用户群体能够享受到所设计和开发的产品带来的福祉，销售得越多，成本就越低。例如：今天做一台盲人用计算机，单台成本很高，但如果生产很多台就分摊了成本。

6.3.3　人和 AI 到底应该是什么样的关系

崔凤鸣：AI 作为工具、手段，支持主体享有独立自主的生活，为主体赋能。

邵磊：在赋能和赋权两个层面，要深刻思考人和 AI 两者的互动，最重要的是实现参与，以平等为根本，以法治为基础。

蔡聪：当身边包围着越来越多各种 AI 的时候，我希望它不是使人与人之间的关系更加割裂、更加孤独，而是能够真正为促进人与人之间有更多的连接而提供知识和服务。

杨帆：AI 是工具，是人造的智能。今天人对 AI 的本质并没有特别完整的了解，其实它是人造的工具，和别的工具一样，只不过别的工具可能是在体力层面、物理层面帮助和辅助人类，但今天的 AI 可能是在思考、判断、观察等这些层面给人一些辅助和帮助，本质还是工具。我相信它会有价值，而且价值的多少、好坏还是取决于使用工具的人。

徐迎庆：AI 和人类智能非常不一样，AI 是工具，但不仅仅是工具。虽然人类还没有真正把大脑的思维方式搞清楚，但人类的认知肯定不是靠几个方程式运算出来的。工具存在缺陷，人类不可能百分之百依赖工具。所以 AI 确实帮助解决了问题，但 AI 也添了很多乱。关键在于如何应用 AI 使其减少添乱，增加便利。

"AI 伦理与治理" 系列研讨会嘉宾

郭锐

未来论坛青年理事，中国人民大学法学院副教授，未来法治研究院社会责任和治理研究中心主任

洪小文

微软全球资深副总裁

漆远

未来论坛青年理事，复旦大学浩清特聘教授、博士生导师及人工智能创新与产业研究院院长

薛澜

清华大学苏世民书院院长，清华大学公共管理学院学术委员会主任，清华大学科技发展与治理研究中心学术委员会联席主任

夏华夏

美团副总裁、首席科学家

崔鹏

未来论坛青年科学家，清华大学计算机系长聘副教授、博士生导师

段小琴

华为公司终端 BG AI 与智慧全场景技术规划负责人

杨强

微众银行首席 AI 官，香港科技大学计算机科学与工程系讲席教授

申卫星

清华大学法学院教授，智能法治研究院院长

王小川

未来论坛理事，搜狗前 CEO

山世光

未来论坛青年理事会 2021 联席主席，中科院计算所研究员，中科视拓（北京）联合创始人

汪庆华

北京师范大学法学院教授、博士生导师，数字经济与法律研究中心主任

黄剑波

华东师范大学人类学研究所教授

马杰

百度副总裁

沈超

西安交通大学电子与信息学部教授，网络空间安全学院副院长

梁正

清华大学公共管理学院教授，清华大学人工智能国际治理研究院副院长

张拳石

上海交通大学
副教授

谢涛

未来论坛青年科学
家，北京大学讲席
教授

李正风

清华大学社会科
学学院社会学系
教授

陶大程

京东探索研究院院
长、澳大利亚科学
院院士

曹建峰

腾讯研究院高
级研究员

洪延青

北京理工大学法学
院教授，全国信息
安全技术标准化委
员会委员

许可

对外经济贸易大学数
字经济与法律创新研
究中心执行主任，中
国人民大学未来法治
研究院研究员

郝长伟

毕马威企业咨询
（中国）有限公司
管理咨询合伙人

翟志勇

北京航空航天大学教授，中国科协 - 北航科技组织与公共政策研究院副院长

方方

未来论坛理事，水木投资集团合伙人

崔凤鸣

哈佛大学法学院残障项目中国部主任，中国人民大学法学院兼职教授

蔡聪

残障历程发起人，上海有人公益基金会理事，一加一残障公益集团合伙人，中国残疾人事业发展研究会理事

徐迎庆

清华大学长聘教授，清华大学未来实验室主任，清华大学美术学院教授

邵磊

清华大学无障碍发展研究院执行院长，清华大学建筑学院住宅与社区研究所所长、长聘副教授、博士生导师

杨帆

商汤科技联合创始人、副总裁